öbv

Humenberger (Hrsg.)

Hasibeder, Himmelsbach,
Schüller-Reichl

Litschauer, Groß, Aue

Das ist Mathematik 4

Arbeitsheft

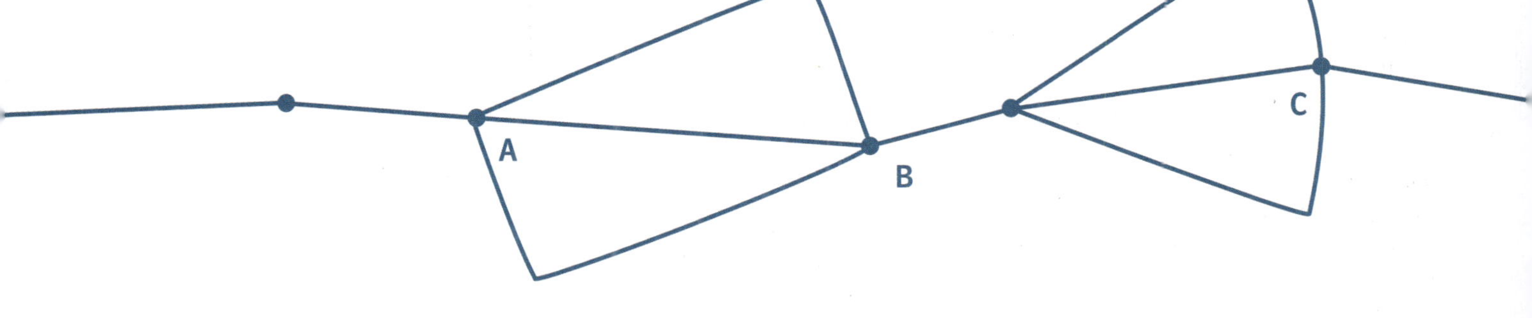

www.oebv.at

Inhaltsverzeichnis

Statistische Darstellungen und Kenngrößen

Geometrische Figuren und Körper

1 Anne hat einige Würfel zusammengeklebt und erhält den rechts zu sehenden Körper.
Sie dreht ihn, um ihn von verschiedenen Seiten zu betrachten.
Welche Ansicht kann sie nicht erhalten?

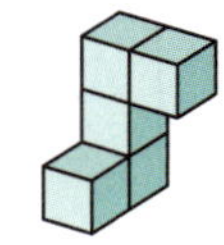

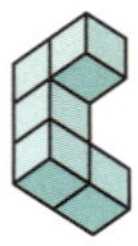
○ **A**

○ **B**

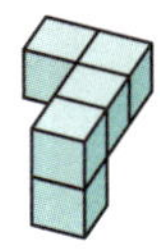
○ **C**

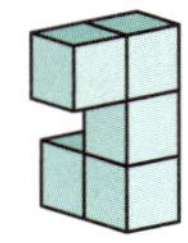
○ **D**

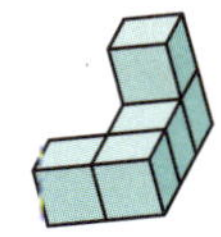
○ **E**

2 Ein Paket hat die Länge $l = 25$ cm, die Breite $b = 15$ cm und die Höhe $h = 7$ cm. Je nach Masse des Inhalts soll es unterschiedlich verschnürt werden.

1) Schätze, für welches Paket du am meisten Schnur benötigst! ______

2) Gib noch 20 cm (insgesamt) für die Knoten hinzu und berechne für jedes Paket die jeweils benötigte Schnurlänge!

A

B

C

D

A = ______ cm   B = ______ cm   C = ______ cm   D = ______ cm

3) Zeichne in das Paket unten die folgende Schnürung: 4 mal l + 4 mal b + 4 mal h + 20!

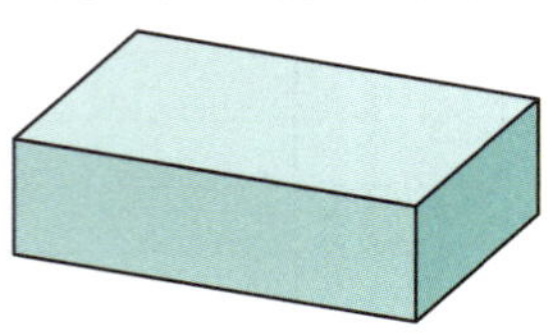

3 Schallwellen legen in der Luft in jeder Sekunde eine Strecke von rund 340 m zurück, die Rundfunkwellen dagegen rund 300 000 km in der Sekunde.
Wer hört einen vor dem Mikrophon sprechenden Redner „früher": Ein genau 2 m vom Redner entfernt sitzender Zuhörer im Saal oder ein Rundfunkhörer, der die Sendung in genau 1 000 km Entfernung mit Kopfhörern verfolgt? Kreuze deine Vermutung an und begründe diese durch Rechnen in Bruchform!

○ **A** Zuhörer im Saal früher als Rundfunkhörer ○ **B** gleichzeitig ○ **C** Rundfunkhörer früher als Zuhörer

Begründung: ______________________________

4 Betrachte die folgenden Figuren! Aus wie vielen Plättchen besteht eine Seite, wenn die gesamte Figur **1)** aus 32, **2)** aus 56 Plättchen besteht?

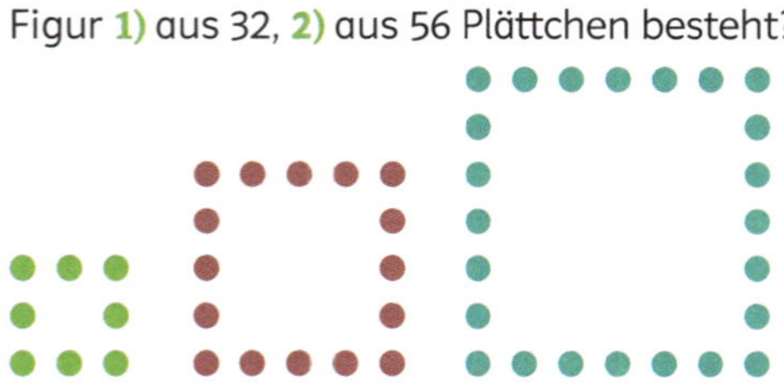

5 Das Mobile ist im Gleichgewicht, wenn an beiden Seiten der Balken ein äquivalenter Term hängt.
Ordne zu, welcher der Terme an welcher Stelle stehen muss, damit das Mobile ausgeglichen ist!

1) $2x + x \cdot x + 5$

2) $4x + 2x^2 + 10$

3) $x + x + 3 + 2 + x^2$

4) $4x + x^4 + 10$

5) $8x + x^2 + 3x^2 + 20$

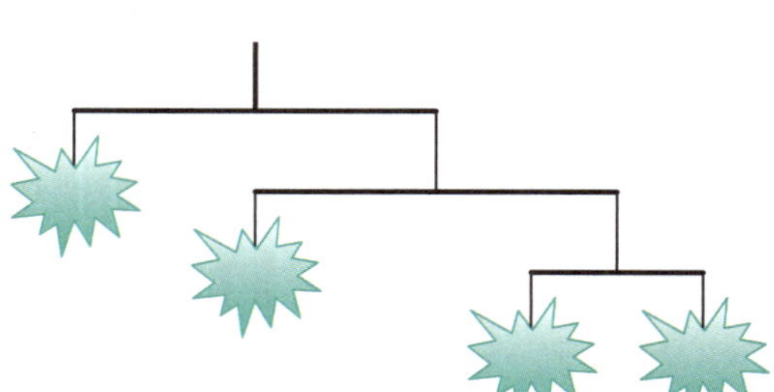

6 Kreuze alle Dreiecke an, die zum gegebenen Dreieck ähnlich sind!

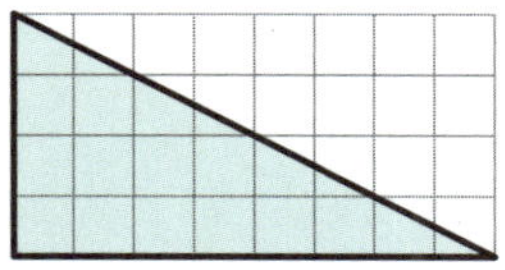

A ○ 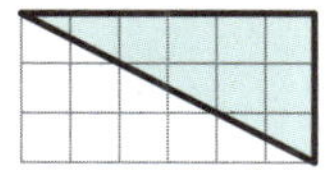

B ○ 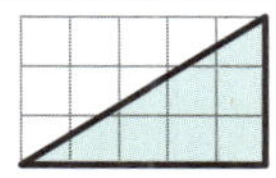

C ○ 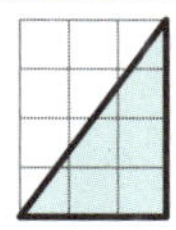

D ○ 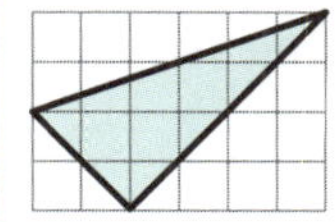

E ○ 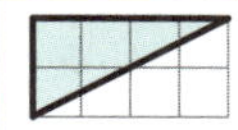

7 Kevin meint zu seinem Vater: „Der Fünfer ist gar kein Fünfer; es ist ein Vierer!“.
Sein Vater findet den Fehler in Kevins Argumentationskette.
Findest du ihn auch? Erkläre Schritt für Schritt!

$-20 = -20$ ______________________

$25 - 45 = 16 - 36$ ______________________

$25 - 45 + \left(\frac{9}{2}\right)^2 = 16 - 36 + \left(\frac{9}{2}\right)^2$ ______________________

$\left(5 - \frac{9}{2}\right)^2 = \left(4 - \frac{9}{2}\right)^2$ ______________________

$5 - \frac{9}{2} = 4 - \frac{9}{2}$ ______________________

$5 = 4$ ______________________

8 Die rund 150 000 000 km = $1{,}5 \cdot 10^8$ (genauer 149 597 870 km) lange Entfernung „Erde-Sonne“ wird 1 Astronomische Einheit genannt.
In einem Gedankenmodell soll diese Entfernung 1 mm lang sein. Wie weit sind dann die genannten Himmelskörper von der Erde entfernt?
Fülle die Tabelle aus! Gib die Zahlen in Gleitkommadarstellung an!
1 Lichtjahr ≈ $9{,}5 \cdot 10^{12}$ km, was bedeutet, dass ein Lichtjahr keine Zeiteinheit, sondern ein(e) ____________ ist.

Erde-Himmelskörper	**Entfernung**		**Entfernung im Modell**	
	in Lj	**in km**	**in mm**	**in km**
Erde-Proxima centauri	4,2			
Erde-Polarstern	430			
Erde-Andromeda-Nebel	$2{,}5 \cdot 10^6$			

9 Welche der folgenden Formeln ermöglicht das Berechnen der Seitenlänge f? Kreuze an und begründe!

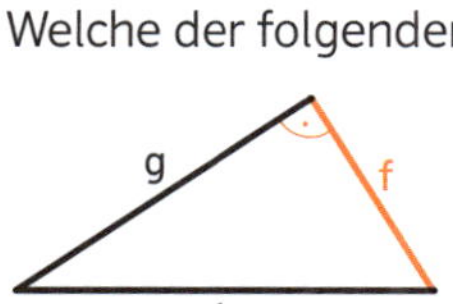

○ **A** $f = h - g$
○ **B** $f = \sqrt{h - g}$
○ **C** $f = \sqrt{g^2 - h^2}$
○ **D** $f = \sqrt{h^2 + g^2}$
○ **E** $f = h^2 - g^2$
○ **F** $f = \sqrt{h^2 - g^2}$

____

10 **a)** Konstruiere das Parallelogramm ABCD mit $a = 9{,}4$ cm, $f = 9{,}7$ cm und $\alpha = 67°$ auf einem Blatt Papier!
Miss die Länge der Seite b und die Höhen h_a und h_b! b = ____ cm, h_a = ____ cm, h_b = ____ cm

b) Berechne den Flächeninhalt auf 2 Arten!
A = ____ ≈ ____ cm², A = ____ ≈ ____ cm²

11 a) Konstruiere das Dreieck ABC mit $b = 6{,}7\,\text{cm}$, $c = 9{,}1\,\text{cm}$ und $\gamma = 72°$! Die Seite b ist schon vorgezeichnet! Wie lang ist die Seite a?

$a \approx$ ___ cm

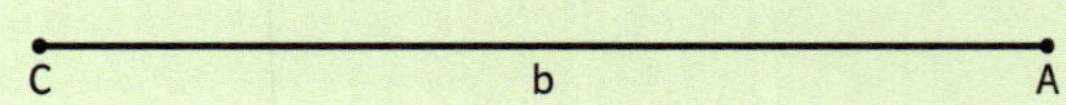

b) Miss die drei Höhen und berechne den Flächeninhalt des Dreiecks auf dreifache Weise!

$h_a \approx$ ___ cm $\quad A = \frac{a \cdot h_a}{2} \approx$ ___ cm²

$h_b \approx$ ___ cm $\quad A = \frac{b \cdot h_b}{2} \approx$ ___ cm²

$h_c \approx$ ___ cm $\quad A = \frac{c \cdot h_c}{2} \approx$ ___ cm²

c) Das arithmetische Mittel der drei Ergebnisse beträgt $A \approx$ ___ cm².

12 Gib jeweils an, ob das angegebene Viereck eindeutig konstruierbar ist, wenn die in der 2. Spalte angeführten Bestimmungsstücke bekannt sind! Überlege anhand von Skizzen!

	Viereck ABCD	gegebene(s) Bestimmungsstück(e)	eindeutig konstruierbar (ja/nein)
A	Quadrat	Diagonale d	
B	Rechteck	Breite b und Diagonale d	
C	Parallelogramm	Seite a und Seite b	
D	Parallelogramm	Seite a, Winkel α und Diagonale e	
E	Raute	Seite a und Winkel β	
F	Raute	Seite a und Höhe h_a	
G	Trapez	Seiten a, b, c und Diagonale f	
H	gleichschenkliges Trapez	Seiten a, b und Höhe h	
I	Drachen	Diagonalen e und f	
J	Drachen	Seiten a, b und Winkel γ	

13 Nimm an, du kennst von einer Raute den Umfang und den Flächeninhalt!

a) Beschreibe, wie du daraus die Seitenlänge und die Höhe der Raute ermitteln kannst!

___

___

b) Berechne dann die Seitenlänge und die Höhe einer Raute mit dem Umfang $u = 44\,\text{cm}$ und dem Flächeninhalt $A = 99\,\text{cm}^2$! $a =$ ___ cm, $h =$ ___ cm

14 a) Welche Dreiecke in der Figur rechts sind zueinander ähnlich?

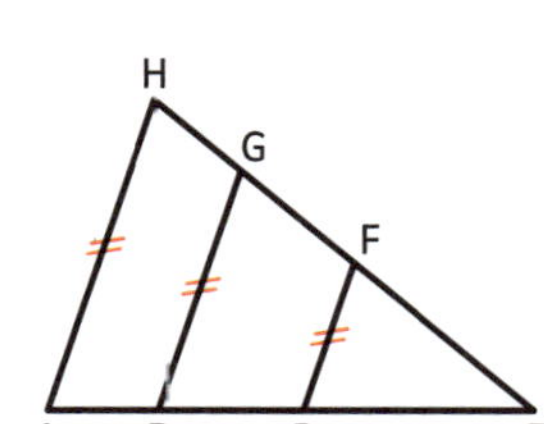

___

b) Ergänze jeweils zu richtigen Proportionen!

$\overline{AB} : \overline{DE} =$ ___ $\qquad \overline{BD} : \overline{GF} = \overline{DE} :$ ___

$\overline{DF} : \overline{DE} = \overline{BG} :$ ___ $\qquad \overline{AH} : \overline{BG} = \overline{AE} :$ ___

15 Berechne die Unbekannte und führe eine Probe durch!

a) $(2x-5)^2-(2x+3)\cdot(2x-3)=4$ x = ____ ; Probe ____ **b)** $\frac{x}{6}+\frac{1}{3}=\frac{3x}{4}-\frac{5}{6}$ x = ____ ; Probe ____

16 Drücke jede der Variablen durch die übrigen aus! $z-\frac{x}{y}=u$

z = ____ , x = ____ , y = ____

17 Berechne!

a) $(-2)^2+5\cdot3^3-2^5=$ ____

b) $[(-2)^2+5]\cdot3^3-2^5=$ ____

c) $(-2)^2+5\cdot[3^3-2^5]=$ ____

d) $[(-2)^2+5]\cdot[3^3-2^5]=$ ____

18 Vereinfache durch Herausheben bzw. Herausheben und Kürzen!

a) $16x\cdot(2x-y)-(2x-y)=$ ____ **b)** $5a^2-10ab=$ ____ **c)** $\frac{75s^2-12}{15s^2-6s}=$ ____

19 Gegeben sind drei rationale Zahlen a, b und c. Die Zahlen a und b sind negativ; die Zahl c ist positiv und es gilt $|a|>|c|$.
Ist das Ergebnis > 0 oder < 0? Trage ein!

1) $a+b$ ____ **2)** $a+c$ ____ **3)** $a-c$ ____ **4)** $c-a$ ____ **5)** $a\cdot b$ ____ **6)** $b\cdot c$ ____ **7)** $a:c$ ____

20 **1)** 20 % von 455 ist ____. **2)** 360 sind ____ % von 270. **3)** 144 sind 30 % von ____.

21 Herr Veits legt 2 500 € Anfang des Jahres 2020 auf ein Sparbuch ein. Die Bank vereinbart mit ihm einen Zinssatz von 0,5 % p. a. Anfang 2021 legt er nochmals 2 500 € dazu.
Wie viel Euro betragen sein Guthabenstand und die tatsächlich angefallenen Zinsen am Anfang des Jahres 2025? Vergiss nicht auf die KESt.!

Zeitpunkt	Guthabenstand in €	Zinsen in €
Beginn 2020	2 500	0
Beginn 2021		
Beginn 2025		

22 **a)** Bei Pyramiden kann man sich Form und Größe von Schnittflächen überlegen. Welche Schnittfläche entsteht, wenn eine regelmäßige vierseitige Pyramide

1) parallel zur Grundfläche ABCD: ____,

2) längs der Diagonalen AC und durch die Spitze S (Diagonalschnitt) geschnitten wird? ____

b) Beschreibe, wie die Pyramide in der Figur rechts geschnitten wurde! Erkläre ebenfalls, welche Schnittfläche entsteht!

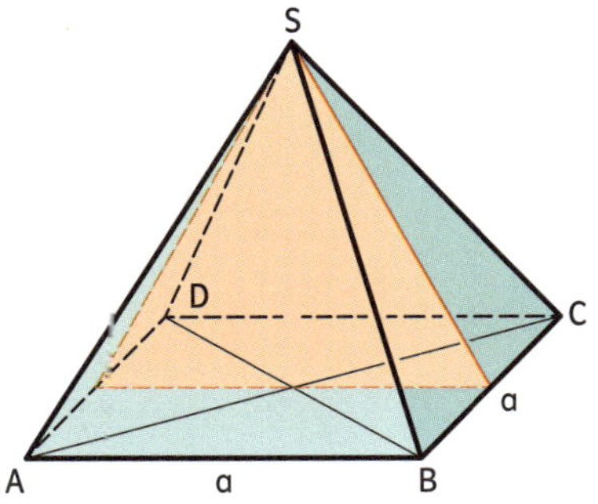

23 Kreuze für ① und ② so an, dass ein richtiger mathematischer Satz entsteht!
Verdoppelt man ① eines Prismas mit rechteckiger Grundfläche, so ② sich das Volumen.

	①
○	beide Seitenlängen a und b
○	die Höhe h
○	die Seitenlänge a

	②
○	verdreifacht
○	vervierfacht
○	verachtfacht

24 In der Tabelle sind die durchschnittlichen Nettojahreseinkommen (jeweiliger Median) und die Nettosparquote für Österreich aufgelistet. Die Nettosparquote gibt an, wie viel Prozent des Nettojahreseinkommens gespart werden. (Quelle: Statista, 2019)

1) Erstelle das Punktwolkendiagramm zu diesen zwei Merkmalen im Graphen!

2) Gib an, ob ein Zusammenhang zwischen den zwei Merkmalen besteht! Versuche, Argumente dafür zu finden!

Jahr	Nettojahreseinkommen (gerundet auf H)	Nettosparquote in %
2007	17 400 €	12,4
2008	17 800 €	12,4
2009	18 300 €	11,4
2010	18 400 €	9,6
2011	18 500 €	7,9
2012	18 800 €	8,9
2013	19 100 €	7,1
2014	19 300 €	7,3
2015	19 600 €	6,8
2016	20 500 €	7,8
2017	20 800 €	6,8

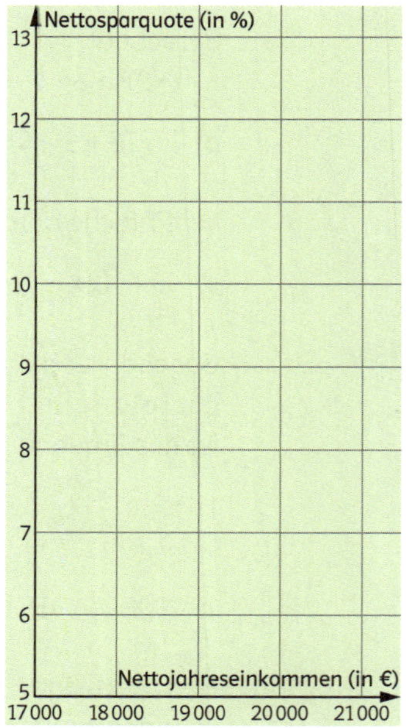

25 Das „BIP" (= Bruttoinlandsprodukt) ist eine der wichtigsten wirtschaftlichen Angaben eines Landes. Sehr vereinfacht gesagt, bezeichnet das BIP die Summe aller Warenwerte, die innerhalb eines Jahres in einem Land hergestellt werden. Das BIP pro Kopf (K) gibt das Bruttoinlandsprodukt (B) pro Einwohner (E) des Landes an. Es wird benutzt, um die Wirtschaftsleistung von Ländern zu vergleichen.

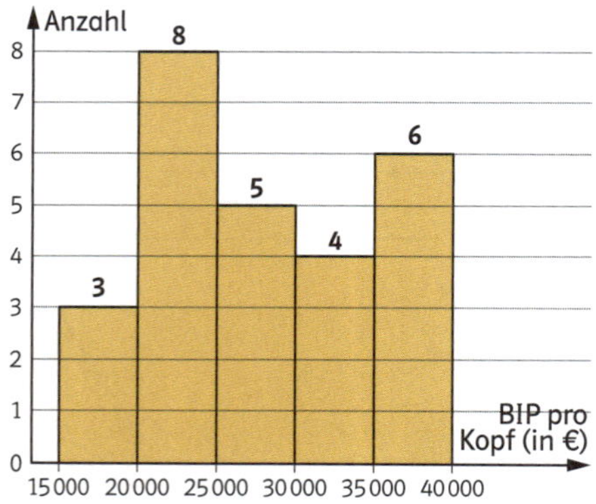

1) Gib eine Formel mit B und E für das BIP pro Kopf (K) an!

2) Kreuze an, welche Eigenschaften auf den Zusammenhang zwischen den Größen B und E zutreffen!

- ◯ **A** indirekt proportional
- ◯ **B** Wachstumsprozess
- ◯ **C** lineares Wachstum
- ◯ **D** direkt proportional
- ◯ **E** Abnahmeprozess

3) Die BIP pro Kopf von 26 EU-Ländern (ausgenommen Luxemburg und Irland) sind im Histogramm oben dargestellt. Fülle die Tabelle aus und berechne näherungsweise das arithmetische Mittel!

BIP pro Kopf in €	Anzahl	Klassenmitte
$15\,000 \leq x < 20\,000$		
$20\,000 \leq x < 25\,000$		
$25\,000 \leq x < 30\,000$		
$30\,000 \leq x < 35\,000$		
$35\,000 \leq x < 40\,000$		

4) Das genau berechnete arithmetische Mittel beträgt 28 267 €. Vergleiche die beiden Werte!

26 Wie viel Euro verdient eine Österreicherin/ein Österreicher im Durchschnitt? Um diese Frage zu beantworten, wird empfohlen, den Median der Einkommen anzugeben. Erkläre, warum der Median hier sinnvoll ist! Vergleiche, welche Nachteile hier arithmetisches Mittel und Modus haben und führe bei deinen Erklärungen auch die Art des Merkmals (ordinal/metrisch/nominal) an!

27 Die folgende Tabelle zeigt den Kapitalwert von Ein- und Ausfuhr für Österreich, angegeben in 10 000 000 Euro im Jahr 2017 gerundet auf Hundertmillionen. (Quelle: Statistik Austria)

Staat	Einfuhr	Ausfuhr	Staat	Einfuhr	Ausfuhr	Staat	Einfuhr	Ausfuhr
Belgien	200	180	Kasachstan	90	10	Spanien	240	240
China	850	370	Polen	380	440	Tschechische Republik	630	530
Frankreich	400	700	Rumänien	140	230	Ungarn	400	480
Italien	910	910	Schweden	140	160	USA	580	970
Japan	210	140	Slowakei	300	290	Vereinigtes Königreich	250	390
Kanada	40	110	Slowenien	200	290			

1) Veranschauliche diese Daten in einem Punktwolkendiagramm!

2) Kannst du einen Zusammenhang zwischen dem Kapitalwert von Ein- und Ausfuhr erkennen? Beschreibe diesen mit eigenen Worten!

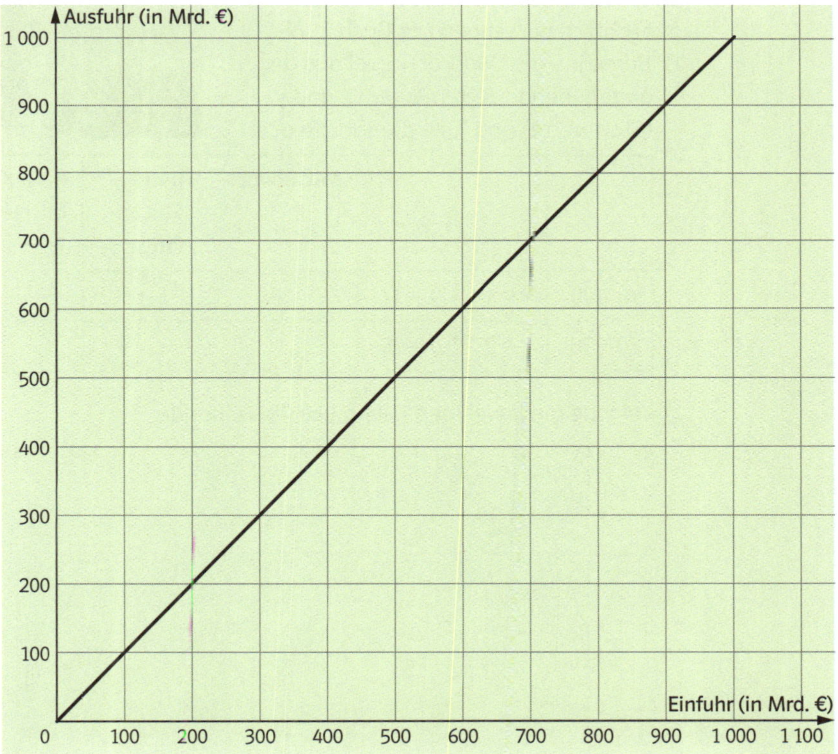

3) In der Darstellung ist eine Linie eingezeichnet. Was bedeutet ein Punkt auf der Linie, oberhalb bzw. unterhalb der Linie?

4) Die Werte für Deutschland liegen bei 5 440 für die Einfuhr und 4 290 für die Ausfuhr. Begründe, warum die Werte nicht in das Punktwolkendiagramm oben eingezeichnet werden können!

1 Quadratwurzel

28 Für nicht negative Zahlen ist das Wurzelziehen die Umkehrung des Quadrierens.

a) $\sqrt{25} =$ ___, weil ___^{2} = 25 ist. b) $\sqrt{100} =$ ___, weil ___^{2} = 100 ist.

29 Verbinde mit dem passenden Ergebnis!

a)

1	16^2
2	$\sqrt{16}$
3	$\sqrt{16^2}$

A	4
B	16
C	256

b)

1	$\sqrt{0{,}09}$
2	$0{,}09^2$
3	$\sqrt{0{,}09^2}$

A	0,0081
B	0,09
C	0,3

30
1) Berechne die Ergebnisse ohne TR!
2) Betrachte die Anzahl der Nachkommastellen vor und nach der Rechnung! Welchen Zusammenhang stellst du fest? ______________________________

$0{,}2^2 =$	
$0{,}02^2 =$	

$0{,}4^2 =$	
$0{,}04^2 =$	

$\sqrt{0{,}25} =$	
$\sqrt{0{,}0025} =$	

$\sqrt{9} =$	
$\sqrt{0{,}09} =$	

31 Markiere im rechts stehenden Zahlenfeld alle Quadratzahlen in Farbe!

17	16	55	64	99
45	22	44	12	34
66	72	81	7	67
4	5	3	89	9
13	1	27	49	71
2	8	25	38	68

32 Mit dem Heron-Verfahren kann man die Quadratwurzel mit Hilfe der Grundrechnungsarten berechnen (→ Buch S. 19).

1) Berechne die Quadratwurzel aus den angegebenen Seitenlängen x und y (Startwerte) und fülle die Tabelle aus!

			Mittelwert $\frac{x+y}{2}$	neue Seitenlänge	neuer Mittelwert	neue Seitenlänge	neuer Mittelwert	neue Seitenlänge
a) $\sqrt{48}$	x = 4	y = 12						
b) $\sqrt{36}$	x = 2	y = 18						

2) Zeichne die jeweiligen Rechtecke übereinander!

a)

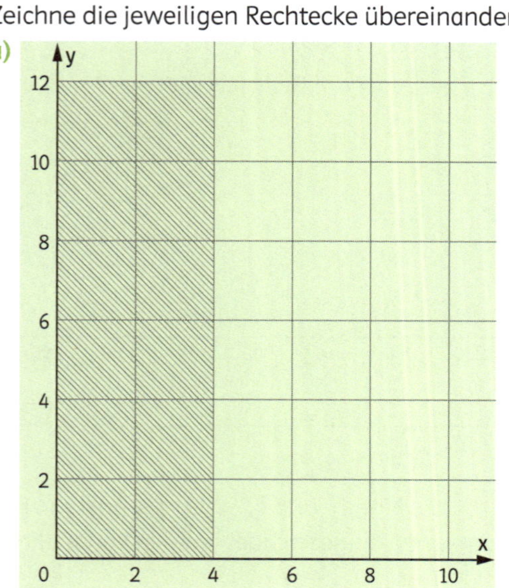

b)

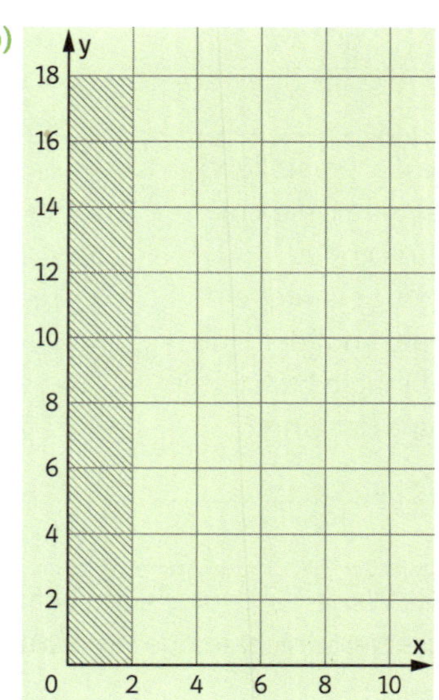

Welcher Figur werden diese immer ähnlicher? ___

33 Berechne mit dem TR und gib die Wurzel auf vier Kommastellen genau an!

a) $\sqrt{50} =$ b) $\sqrt{1000} =$ c) $\sqrt{250} =$

34 Ein Rechteck hat die Länge 28 cm und die Breite 7 cm. Das Rechteck ist flächeninhaltsgleich mit einem Quadrat. Wie lang ist die Quadratseite?

____

35 Zwischen welchen aufeinander folgenden natürlichen Zahlen liegt die Quadratwurzel? Antworte, ohne den TR zu verwenden und begründe deine Antwort!

a) $\square < \sqrt{18} < \square$, weil ______ c) $\square < \sqrt{72} < \square$, weil ______

b) $\square < \sqrt{40} < \square$, weil ______ d) $\square < \sqrt{120} < \square$, weil ______

36 Berechne und vergleiche die Ergebnisse!

a) $\sqrt{9+16} =$ c) $\sqrt{36+64} =$ e) $\sqrt{100-36} =$

$\sqrt{9} + \sqrt{16} =$ $\sqrt{36} + \sqrt{64} =$ $\sqrt{100} - \sqrt{36} =$

b) $\sqrt{25-16} =$ d) $\sqrt{144+25} =$ f) $\sqrt{400-144} =$

$\sqrt{25} - \sqrt{16} =$ $\sqrt{144} + \sqrt{25} =$ $\sqrt{400} - \sqrt{144} =$

37 Welcher der folgenden Ausdrücke ergibt eine irrationale Zahl? Kreuze an!

○ A $2 + \sqrt{25} =$ ○ C $2 \cdot \sqrt{2} - \sqrt{8} =$ ○ E $\sqrt{2} \cdot \sqrt{8} =$

○ B $\sqrt{3} + 2 \cdot \sqrt{3} =$ ○ D $-3 \cdot \sqrt{3} + \sqrt{27} =$ ○ F $\frac{\sqrt{5}-\sqrt{2}}{\sqrt{2}-\sqrt{5}} =$

38 Ein Quadrat hat einen Flächeninhalt von 16 cm². Wie groß ist die Seitenlänge eines Quadrats, das den **1)** doppelten, **2)** dreifachen, **3)** vierfachen Flächeninhalt hat? **1)** cm² **2)** cm² **3)** cm²

39 Ordne den Längen der Quadratseiten die passenden Längen der Diagonalen zu!

Länge der Quadratseite (in cm): $4\sqrt{2}$, $3\sqrt{2}$, 10, 20, $\sqrt{10}$, 5, $\sqrt{20}$, 6, $6\sqrt{2}$

Länge der Diagonale (in cm): $2\sqrt{10}$, 6, $20\sqrt{2}$, 12, $5\sqrt{2}$, $\sqrt{200}$, $2\sqrt{5}$, 8, $6\sqrt{2}$

40 Ziehe die Quadratwurzel ohne TR durch geeignetes Zerlegen! **Beispiel:** $\sqrt{900} = \sqrt{9} \cdot \sqrt{100} = 3 \cdot 10 = 30$

a) $\sqrt{400} =$ d) $\sqrt{196} =$ g) $\sqrt{36a^2} =$

b) $\sqrt{3600} =$ e) $\sqrt{\frac{2500}{10000}} =$ h) $\sqrt{64a^2b^2} =$

c) $\sqrt{160000} =$ f) $\sqrt{\frac{49}{900}} =$ i) $\sqrt{25x^4y^2} =$

41 Vereinfache durch teilweises (partielles) Wurzelziehen!

a) $\sqrt{8} =$ c) $\sqrt{32} =$ e) $\sqrt{50} =$ g) $\sqrt{98} =$

b) $\sqrt{27} =$ d) $\sqrt{45} =$ f) $\sqrt{72} =$ h) $\sqrt{108} =$

42 Vereinfache durch partielles Wurzelziehen!

a) $\sqrt{5y^2} =$ c) $\sqrt{10a^4} =$ e) $\sqrt{8a^2} =$ g) $\sqrt{50a^2b^2} =$

b) $\sqrt{3z^2} =$ d) $\sqrt{25b} =$ f) $\sqrt{36ab^2} =$ h) $\sqrt{32a^2b} =$

2 Kubikwurzel 3 Reelle Zahlen und Zahlenbereiche

43 Für nicht negative Zahlen ist das Kubikwurzelziehen die Umkehrung des Kubierens.

a) $\sqrt[3]{64} =$ ____, weil ____$^3 = 64$ ist. **b)** $\sqrt[3]{8000} =$ ____, weil ____$^3 = 8000$ ist.

44 Zwischen welchen aufeinander folgenden natürlichen Zahlen liegt die Kubikwurzel? Antworte, ohne den TR zu benützen und begründe deine Antwort!

a) ____ $< \sqrt[3]{20} <$ ____, weil ______________ **c)** ____ $< \sqrt[3]{200} <$ ____, weil ______________

b) ____ $< \sqrt[3]{100} <$ ____, weil ______________ **d)** ____ $< \sqrt[3]{400} <$ ____, weil ______________

45 Ziehe die Kubikwurzel! Bei welchen Beispielen ergibt sich eine endliche Dezimalzahl? Warum?

a) $\sqrt[3]{8} =$ ____ **b)** $\sqrt[3]{125} =$ ____ **c)** $\sqrt[3]{64} =$ ____ **d)** $\sqrt[3]{2{,}7} =$ ____

$\sqrt[3]{0{,}8} =$ ____ $\sqrt[3]{12{,}5} =$ ____ $\sqrt[3]{640} =$ ____ $\sqrt[3]{0{,}27} =$ ____

$\sqrt[3]{0{,}08} =$ ____ $\sqrt[3]{1{,}25} =$ ____ $\sqrt[3]{6400} =$ ____ $\sqrt[3]{0{,}027} =$ ____

$\sqrt[3]{0{,}008} =$ ____ $\sqrt[3]{0{,}125} =$ ____ $\sqrt[3]{64\,000} =$ ____ $\sqrt[3]{0{,}0027} =$ ____

____

46 Ein Würfel aus Kork (Dichte $\varrho = 300\ kg/m^3$) ist 153,6 kg schwer. Wie groß ist seine Kantenlänge?

1) Schätze zunächst die Kantenlänge des Würfels! Kreuze an!

○ **A** 1 cm ○ **B** 8 cm ○ **C** 1 dm ○ **D** 8 dm ○ **E** 1 m ○ **F** 8 m

2) Berechne dann die Kantenlänge! Verwende die Formel Masse = Volumen mal Dichte; $m = V \cdot \varrho$!

____

47 Welche Zahl gehört nicht zu den reellen Zahlen? Kreuze an!

○ **A** $\sqrt{5}$ ○ **B** $\sqrt{9}$ ○ **C** $\sqrt{-4}$ ○ **D** $\sqrt{2{,}2}$ ○ **E** -3 ○ **F** $|\sqrt{|-9|}|$

48 **a)** Welche Zahlenbereiche sind in der Figur rechts dargestellt? Ergänze die Lücken!

b) Worin besteht der Unterschied zwischen rationalen und irrationalen Zahlen? Was lässt sich über die Dezimaldarstellung rationaler bzw. irrationaler Zahlen sagen?

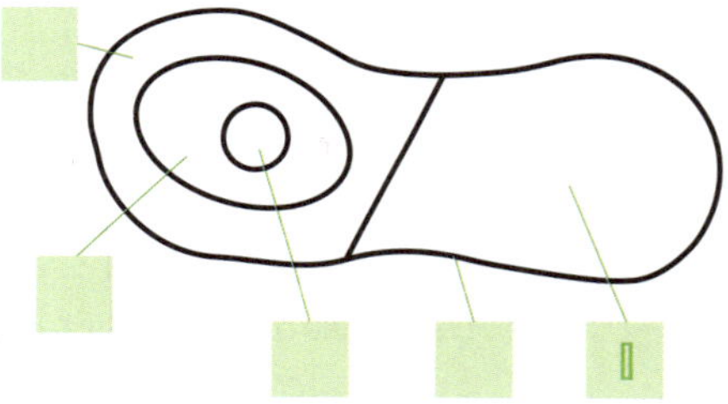

____

____

49 Kreuze alle Zahlenmengen an, zu denen die Zahl in der Tabelle jeweils gehört!

Zahl	ℕ	ℤ	ℚ	ℝ	𝕀
$\sqrt[3]{64}$	○	○	○	○	○
$2{,}5 \cdot 10^5$	○	○	○	○	○
π	○	○	○	○	○
13	○	○	○	○	○
0,143 143…	○	○	○	○	○
1,010 010 001…	○	○	○	○	○
$-2{,}5 \cdot 10^1$	○	○	○	○	○
$\sqrt{27}$	○	○	○	○	○
20 %	○	○	○	○	○

50 Welche der folgenden Aussagen sind richtig, welche falsch? Kreuze an!

		richtig	falsch
A	Es gibt eine kleinste natürliche Zahl.	○	○
B	Es gibt eine kleinste positive rationale Zahl.	○	○
C	Es gibt eine größte negative ganze Zahl.	○	○
D	Es gibt unendlich viele natürliche Zahlen.	○	○
E	Zwischen zwei natürlichen Zahlen gibt es nie eine irrationale Zahl.	○	○
F	Zwischen je 2 verschiedenen natürlichen Zahlen gibt es ∞ viele reelle Zahlen.	○	○
G	Null gehört sowohl zu den negativen als auch zu den positiven ganzen Zahlen.	○	○
H	Null gehört weder zu den negativen noch zu den positiven ganzen Zahlen.	○	○
I	Null gehört zu den rationalen Zahlen.	○	○
J	Null gehört zu den irrationalen Zahlen.	○	○
K	Die Subtraktion ist in den natürlichen Zahlen abgeschlossen.	○	○
L	Die Subtraktion ist in den ganzen Zahlen abgeschlossen.	○	○
M	Alle Subtraktionen reeller Zahlen ergeben wieder eine reelle Zahl.	○	○
N	Alle Divisionen reeller Zahlen $\neq 0$ ergeben wieder eine reelle Zahl.	○	○
O	Alle Additionen irrationaler Zahlen ergeben wieder eine irrationale Zahl.	○	○
P	Alle Subtraktionen irrationaler Zahlen ergeben wieder eine irrationale Zahl.	○	○
Q	Alle Multiplikationen irrationaler Zahlen ergeben wieder eine irrationale Zahl.	○	○
R	Alle Divisionen irrationaler Zahlen ergeben wieder eine irrationale Zahl.	○	○

Um zum Lösungstext zu gelangen, steige in die ganz unten bei I auf dich wartende Gondel ein und beginne die Fahrt mit dem Wiener Riesenrad im Uhrzeigersinn!
Die Pfeile für richtig (r) und für falsch (f) führen dich jeweils zum nächsten Buchstaben bzw. Zeichen für den Lösungstext.
Wenn du eine Runde zurückgelegt hast, beginne eine zweite, „sammle“ die restlichen, bis jetzt nicht verwendeten Buchstaben bzw. Zeichen im Uhrzeigersinn ein und füge sie zu denen der ersten Runde!
So erhältst du den gesamten Lösungstext.

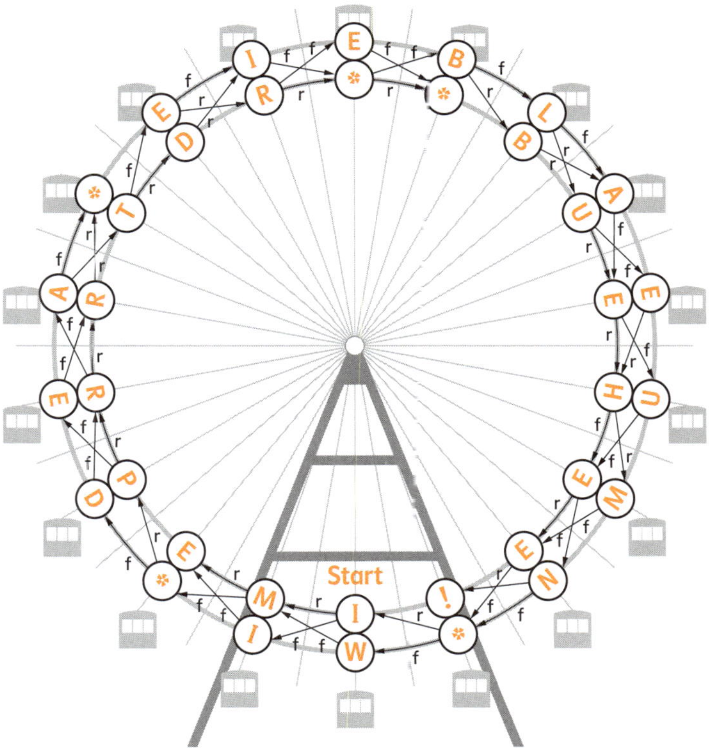

Lösungstext: __ __ __ __ __ __ __ __ __ __ __ __ __ __ __ __ __ __

__ __ __ __ __ __ __ __ __ __ __ __ __ __ __ __ __ __

4 Intervalle 5 Darstellung von Quadratwurzeln

51 Schreibe die Menge der reellen Zahlen x mit der Eigenschaft **a)** $-4 \leq x < 2$, **b)** $-1 < x < 4$, **c)** $|x| \leq 3$ in Intervallschreibweise und markiere diese auf der Zahlengeraden!

a) **b)** **c)**

52 Welche Zahlenmenge ist auf der Zahlengeraden dargestellt? Schreibe sie als Intervall und in Form einer Ungleichungskette!

a)

b)

53 Schreibe in Form einer Ungleichung!

a) $x \in [0; 3]$ **b)** $y \in (-\infty; 1]$ **c)** $z \in [5; \infty)$

54 Zerlege folgende Zahl in eine Summe oder in eine Differenz von Quadratzahlen!

a) 12 =
b) 13 =
c) 21 =
d) 29 =
e) 34 =
f) 35 =
g) 48 =
h) 68 =

55 Konstruiere die Längen der Strecken, indem du zunächst die Zahl unter der Wurzel als Summe von Quadratzahlen schreibst!

a) $\sqrt{5} \Rightarrow 5 =$ ___ + ___

b) $\sqrt{18} \Rightarrow 18 =$ ___ + ___

a) **b)**

56 Stelle die angegebene Zahl als Summe bzw. Differenz zweier Quadratzahlen dar! Konstruiere die entsprechende Katheten- bzw. Hypotenusenlänge, miss ab und vergleiche mit dem Wert des TR!

a) $\sqrt{20} \Rightarrow 20 =$ ___ + ___ **b)** $\sqrt{41} \Rightarrow 41 =$ ___ + ___ **c)** $\sqrt{33} \Rightarrow 33 =$ ___ − ___

Merkenswertes

Wähle zum Füllen der Lücken aus den rechts stehenden Wörtern die passenden aus!
Trage die Wortteile (mit Umlauten) in der Reihenfolge der Lücken in den Lösungstext ein!

A Reelle Zahlen

Die Menge der rationalen Zahlen $\mathbb{Q}$ und die Menge der irrationalen Zahlen $\mathbb{I}$ ergeben zusammen die Menge der ______ Zahlen $\mathbb{R}$. Zu den ______ Zahlen zählen viele ______ wie $\sqrt{2}, \sqrt{3}, \sqrt[3]{2} \ldots$, aber auch die Zahl π und unendliche, nicht periodische Dezimalzahlen, wie 0,010 011 000 111… . Rationale Zahlen lassen sich in ______ schreiben, irrationale nicht. Irrationale Zahlen sind unendliche, ______ periodische ______. Die ganzen Zahlen $\mathbb{Z}$ sind eine ______ der rationalen Zahlen $\mathbb{Q}$; die natürlichen Zahlen $\mathbb{N}$ sind eine Teilmenge der ______ Zahlen $\mathbb{Z}$.
Im Bereich der ______ Zahlen $\mathbb{Q}$ lassen sich ______ Rechenoperationen durchführen, mit Ausnahme der ______ durch Null. Für das Rechnen mit reellen Zahlen gelten die gleichen ______ wie für das Rechnen mit rationalen Zahlen.

alle	nic
Bruchform	nt
Dezimalzahlen	th
Division	ht
ganzen	at
irrationalen	le
Menge	va
nicht	Ma
rationalen	ik
Rechenregeln	ma
reellen	Man
Teilmenge	em
Wurzeln	r

B Quadratwurzel

Für nicht negative Zahlen ist das (Quadrat-)Wurzelziehen die ______ des Quadrierens. Die Zahl $x \geq 0$ heißt ______ einer Zahl $a \geq 0$, wenn $x^2 = a$ ist. Die Quadratwurzel aus a ist nur dann sinnvoll, wenn a ______ oder gleich null ist. Eine Zahl heißt Quadratzahl, wenn sie das ______ einer natürlichen Zahl ist. Oft können Radikanden als Summe oder als ______ von Quadratzahlen geschrieben werden. Damit lassen sich irrationale Zahlen als ______ konstruktiv ermitteln und als Punkte auf der ______ darstellen.
Mit den irrationalen Zahlen ist die Zahlengerade vollständig gefüllt.

Differenz	si
größer	wö
Quadrat	hnt
Quadratwurzel	ge
Streckenlängen	ch
Umkehrung	n
Zahlengeraden	n

C Kubikwurzel

Das Berechnen von Kubikwurzeln heißt ______. Eine Zahl heißt ______, wenn sie die 3. Potenz einer ______ Zahl ist.

Kubikzahl	dar
Kubikwurzelziehen	ur
natürlichen	an

Lösungstext _, _ _ _
_ _ _ _ _ _ _ _ _ _ _ _ _ _ _ _ _ _ _ _. **(Paul Erdős, ungarischer Mathematiker)**

1 Eigenschaften von Termen

57 Hannah legt Dreiecke aus Streichhölzern. Wie viele Streichhölzer braucht Hannah für die 4., 5., … n-te Figur? Begründe deine Antwort! Zeichne die nächste Figur in der Reihe und fülle die Tabelle aus!

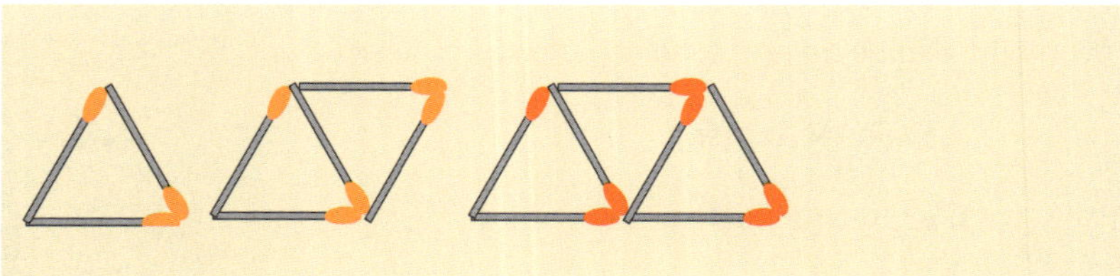

____

	Streichhölzer
1. Figur	3
2. Figur	$3 + 2 = 5$
3. Figur	$3 +$
4. Figur	
5. Figur	
6. Figur	
50. Figur	
n-te Figur	

58 Berechne den Wert des Terms für den angegebenen x-Wert und bemale die Felder in der Tabelle mit den Lösungen!

1) $x = 10$

a) $T(x) = 3x^2 =$
b) $T(x) = \frac{3x^2}{2} =$
c) $T(x) = \sqrt{9x^2} =$
d) $T(x) = \sqrt{325 - x^2} =$
e) $T(x) = 3(x^2 - 9) =$
f) $T(x) = 3x^2(x - 5) =$
g) $T(x) = \frac{2x^2(x-3)}{7x} =$
h) $T(x) = 3(99 - x^2) =$

2) $x = -4$

a) $T(x) = 2x + 12 =$
b) $T(x) = 3x + 2 =$
c) $T(x) = 20 - x =$
d) $T(x) = 3(x - 2) =$
e) $T(x) = \frac{2x+4}{x} =$
f) $T(x) = \frac{x-2}{x+2} =$
g) $T(x) = 3x^2 + 4 =$
h) $T(x) = \frac{4x^2 + 0{,}6}{2} =$

3) $x = 0{,}1$ Runde gegebenenfalls auf 1 Dezimalstelle!

a) $T(x) = 2x + 12 =$
b) $T(x) = 3x + 2 =$
c) $T(x) = 20 - x =$
d) $T(x) = 3(x - 2) =$
e) $T(x) = \frac{2x+4}{x} =$
f) $T(x) = \frac{x-2}{x+2} =$
g) $T(x) = 3x^2 + 4 =$
h) $T(x) = \frac{4x^2 + 0{,}6}{2} =$

12	21,1	−18	20	900	2,3	7
24	15	1	4	450	17,7	−3
30	3	1 500	52	90	19	−5,7
14	16	300	−10	150	19,9	0,3
6	2	2,3	4,0	12,2	−0,9	273
7,7	1,3	32,3	400	14,2	8,6	42

59 Stelle einen Term zur gegebenen Anweisung auf!

a) Addiere zum Vierfachen einer Zahl das Dreifache dieser Zahl!

b) Nimm das Fünffache einer Zahl und subtrahiere das Siebenfache derselben Zahl!

c) Multipliziere die Summe aus dem Doppelten und dem Dreifachen einer Zahl mit 3!

d) Dividiere eine Zahl durch 17 und subtrahiere dann die Hälfte derselben Zahl!

60 Beschreibe den folgenden Term mit Worten!

a) $3x + 6x$ Zum Dreifachen einer Zahl wird das ______________________

b) $2x + y$ ______________________

c) $(x + y) \cdot 3$ ______________________

d) $3(2x - y)$ ______________________

61 Ein Buch hat a Seiten mit je 34 Zeilen und b Zeichen pro Zeile.

a) Wie viele Zeichen passen auf eine Seite?

b) Wie viele Zeichen passen in dieses Buch?

62 Gib einen Term zur Berechnung des Volumens des dargestellten Körpers an!

a)

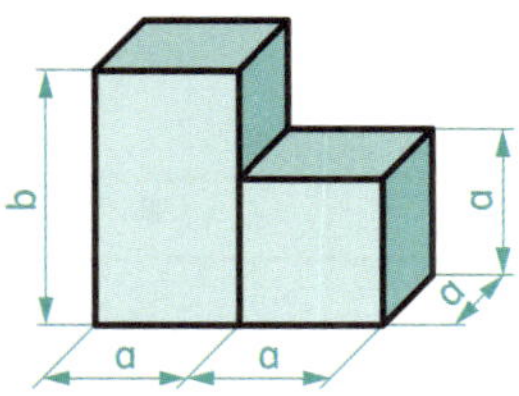

V =

b)

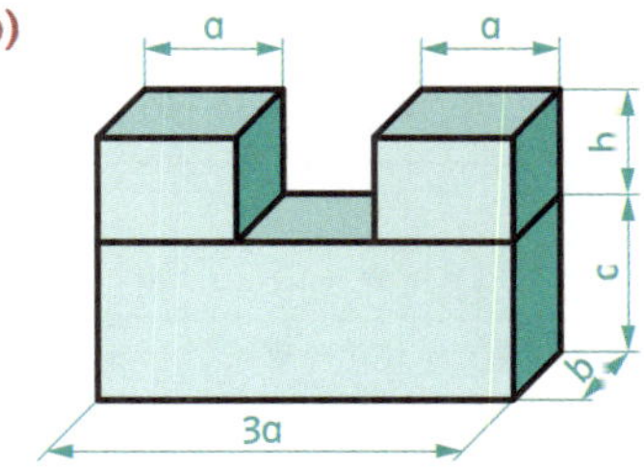

V =

63 In einem Zauberquadrat ist die Summe in jeder Zeile, Spalte und Diagonale gleich.
Zeige, dass es sich beim abgebildeten Quadrat um ein Zauberquadrat handelt! Bilde die Summe!

1. Zeile: $(x+4)+4x+(4x+5)=9x+9$

2. Zeile: ____________ 3. Spalte: ____________

3. Zeile: ____________ 1. Diagonale: ____________

1. Spalte: ____________ 2. Diagonale: ____________

2. Spalte: ____________

$x+4$	$4x$	$4x+5$
$6x+4$	$3x+3$	2
$2x+1$	$2x+6$	$5x+2$

64 Vervollständige zu einem Zauberquadrat!

a)

$x+y$		
$x-y+z$		
$x-z$	$x+y+z$	

b) Das Ergebnis ist jeweils $3a-3$.

		$a+2$
$a+1$		
		$a-2$

65 Vereinfache den Term, indem du Schritt für Schritt ausfüllst!

a) $7x^2-[5x-(9x+11x^2)]+5x^2=$

$7x^2-(5x$ -9x-11x² $)+5x^2=$

$7x^2-($ -4 x +11 $x^2)+5x^2=$

23 x^2+ 4 x

b) $(7y-3y^2)\cdot(-2y)+15y^2-y^3=$

___ y^2+ ___ $y^3+15y^2-y^3=$

___ y^3+ ___ y^2

c) $g^3-2\cdot(g^2+g^3)-5\cdot3g^2=$

$g^3-($ ___ $+$ ___ $)-$ ___ $g^2=$

g^3- ___ $-$ ___ $g^2=$

___ g^3- ___ g^2

d) $4f^2\cdot(3f-7)+4f^3-9f^2+2f^3=$

___ f^3- ___ f^2+ ___ $f^3-9f^2=$

___ f^3- ___ f^2

66 Gib zuerst das kgV an! Vereinfache anschließend die Terme!

a) $\frac{3x^2-5x}{6}-\frac{11x^2+2x}{9}=$ (kgV(6, 9) = ___)

$\frac{\_\_\cdot(3x^2-5x)-\_\_\cdot(11x^2+2x)}{\_\_}=$

$\frac{\_\_x^2-\_\_x-\_\_x^2-\_\_x}{\_\_}=\frac{\_\_x^2\ \_\_x}{\_\_}$

b) $\frac{7x-8x^2}{12}+\frac{6x-x^2}{18}=$ (kgV(12, 18) = ___)

$\frac{\_\_\cdot(7x-8x^2)+\_\_\cdot(6x-x^2)}{\_\_}=$

$\frac{\_\_x-\_\_x^2+\_\_}{\_\_}=\frac{\_\_x^2\ \_\_x}{\_\_}$

67 **Binomrätsel:** Bestimme bei jeder der 11 binomischen Formeln die Werte der vorkommenden Symbole! Wenn du die angegebenen Lösungsbuchstaben in die Tabelle unten einträgst, ergibt sich ein Satz von Cornelius Gurlitt (1850–1938, Kunsthistoriker).

		☼	◆	♥	○
1)	$(2x + ☼)^2 = ◆ + 28xy + ♥$	L	R	T	
2)	$(☼ - ◆)^2 = 9x^4 - ♥ + y^4$	H	I	!	
3)	$(☼ + 13y)^2 = ◆ + 78xy + ♥$	D	N	E	
4)	$(2x + ☼)^3 = ◆ + ♥ + ○ + y^3$	E	D	S	E
5)	$(☼ + ◆)(☼ - 10y) = 25x^2 - ♥$	E	E	G	
6)	$(☼ + 5x)^2 = ◆ + 70x + ♥$	N	O	,	
7)	$(6x^2 - ☼)^2 = ◆ - 48x^2 + ♥$	M	A	S	
8)	$(9x + ☼)(◆ - ☼) = ♥ - 9y^2$	N	N	N	
9)	$(☼ - ◆)^3 = x^3 - 15x^2 + ♥ - ○$	L	A	K	L
10)	$(9x^2 + ☼)^2 = ◆ + 108x^2y^2 + ♥$	H	C	T	
11)	$(6x^2 - ☼)(◆ + 5y^2) = 36x^4 - ♥$	C	E	H	

4	5	7	16	49	125	x	3x	5x	9x	75x	y	3y
$7y$	$10y$	$3x^2$	$4x^2$	$6x^2$	$9x^2$	$25x^2$	$81x^2$	y^2	$5y^2$	$6y^2$	$49y^2$	
$100y^2$	$169y^2$	$8x^3$	$36x^4$	$81x^4$	$25y^4$	$36y^4$	$6xy^2$	$12x^2y$	$6x^2y^2$			

Lösungstext: ___ ____ ______ _______ _____ ___________
(Cornelius Gurlitt)

68 Schreibe das gegebene vollständige Quadrat als Quadrat eines Binoms!

a) $a^2 - 18a + 81 =$ ___

b) $b^2 + 3b + 2{,}25 =$ ___

c) $4y^2 - 2y + \frac{1}{4} =$ ___

d) $4x^2 + 12xy + 9y^2 =$ ___

e) $9u^2 - uv + \frac{1}{36}v^2 =$ ___

f) $0{,}16s^2 + 4st + 25t^2 =$ ___

69 Forme den gegebenen Term durch Herausheben des größten gemeinsamen Faktors und Zerlegen in ein Produkt um und vereinfache so weit wie möglich!

a) $5x^2 + 10xy =$ ___

b) $8a^3 + 6a^2b =$ ___

c) $4x^2y + 3xy^2 =$ ___

d) $12a - 36b + 84c =$ ___

e) $6xy + 3y^2 - 5y^3 =$ ___

f) $9ab - 6a^2b^2 =$ ___

g) $4x^3 - 8x =$ ___

h) $14a^3 + 21a^2 =$ ___

i) $ax - ay + 9a =$ ___

j) $ax^4 + bx^3 + cx =$ ___

70 Führe zuerst die Multiplikation aus und vereinfache anschließend! Führe eine Probe durch, indem du zuerst passend heraushebst, in den Klammern vereinfachst und anschließend multiplizierst!

a) $(a + 5b)(7 - 3b) + (a + 5b)(8b - 9) =$ ___

b) $(3x - 4y)(x + 5y) - (3x + 3y)(3x - 4y) =$ ___

71 Zerlege den gegebenen Term in ein Produkt!

a) $16x^2 - 49y^2 = (\quad)(\quad)$

b) $\frac{4}{9}u^2 - 9w^2 = (\quad)(\quad)$

c) $144a^2 - 100b^2 = (\quad)(\quad)$

d) $\frac{e^2}{4} - \frac{16f^2}{25} = (\quad)(\quad)$

1 Eigenschaften von Termen 2 Bruchterme

72 Welche binomische Formel ist hier jeweils dargestellt?

a)

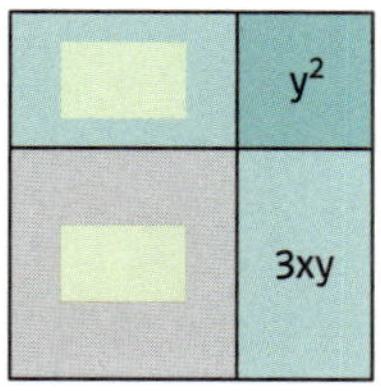

$(\_\_\_\_)^2 = \_\_\_\_$

b)

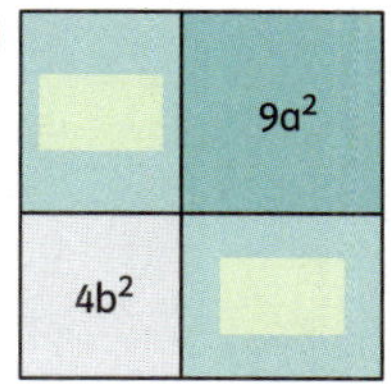

$(\_\_\_\_)^2 = \_\_\_\_$

c)

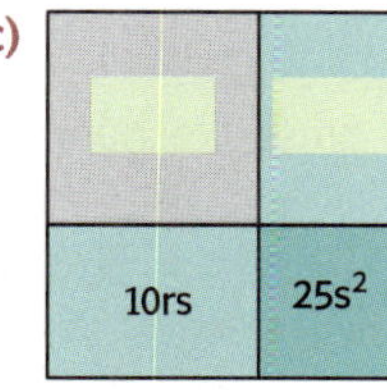

$(\_\_\_\_)^2 = \_\_\_\_$

73 Kreuze die passende Termstruktur an! Forme anschließend jeden Term durch Herausheben oder Ausmultiplizieren so um, dass eine andere Termstruktur entsteht! Gib an welche!

Term	Summe	Differenz	Produkt	Quotient
$5y - \frac{10x}{3}$	○	⊗	○	○
$5\left(y - \frac{2x}{3}\right)$	○	○	⊗	○
$\frac{10x}{3u}$	○	○	○	⊗
$(a+b)(a-b)$	○	○	⊗	○

74 Zerlege zunächst Zähler bzw. Nenner in Faktoren! Kürze dann so weit wie möglich!
Welche Bedingungen müssen für die Variablen erfüllt sein, damit der jeweilige Nenner nicht null ist?

a) $\frac{9a}{15a^3} = \_\_\_\_$ $a \neq \_\_\_\_$

b) $\frac{24x^3y}{21xy^2} = \_\_\_\_$ $x \neq \_\_\_\_$, $y \neq \_\_\_\_$

c) $\frac{6z^3}{18z^2} = \_\_\_\_$ $z \neq \_\_\_\_$

d) $\frac{13s^2}{169s^3} = \_\_\_\_$ $s \neq \_\_\_\_$

e) $\frac{5u}{20u} = \_\_\_\_$ $u \neq \_\_\_\_$

f) $\frac{2vw^3}{14v^2w^2} = \_\_\_\_$ $v \neq \_\_\_\_$, $w \neq \_\_\_\_$

75 **1)** Welche Zahl darf man in den gegebenen Term für die Variable nicht einsetzen?
2) Für welche reellen Zahlen ist der Term definiert?

a) $T(x) = \frac{x+100}{x-9}$ Aufstellen der Ungleichung für den Nenner: $x - 9 \neq 0 \rightarrow x \neq 9$

1) $x \neq 9$ 2) Der Term ist für alle reellen Zahlen $x \neq 9$ definiert. $D = \mathbb{R} \setminus \{9\}$

b) $T(x) = \frac{7x}{2x-7}$ Aufstellen der Ungleichung für den Nenner: ____

1) $x \neq \_\_\_\_$ 2) Der Term ist für alle reellen Zahlen $x \neq \_\_\_\_$ definiert. $D = \mathbb{R} \setminus \_\_\_\_$

c) $T(x) = \frac{3x-132}{8+5x}$ Aufstellen der Ungleichung für den Nenner: ____

1) $x \neq \_\_\_\_$ 2) Der Term ist für alle reellen Zahlen $x \neq \_\_\_\_$ definiert. $D = \mathbb{R} \setminus \_\_\_\_$

76 Zerlege zunächst Zähler bzw. Nenner in Faktoren! Kürze dann so weit wie möglich!
Welche Bedingungen müssen für die Variablen erfüllt sein, damit der jeweilige Nenner nicht null ist?

a) $\frac{8x-4y}{16x} = \_\_\_\_ = \_\_\_\_$ $x \neq \_\_\_\_$

b) $\frac{6u-4v}{112v} = \_\_\_\_ = \_\_\_\_$ $v \neq \_\_\_\_$

c) $\frac{4x^2-y^2}{6x+3y} = \_\_\_\_ = \_\_\_\_$ $x \neq \_\_\_\_$, $y \neq \_\_\_\_$

d) $\frac{3y^2-75}{4y-20} = \_\_\_\_ = \_\_\_\_$ $y \neq \_\_\_\_$

e) $\frac{2z^3-32z}{6z^2+24z} = \_\_\_\_ = \_\_\_\_$ $z \neq \_\_\_\_$

f) $\frac{6a^2b-10ab^2}{30ab} = \_\_\_\_ = \_\_\_\_$ $a \neq \_\_\_\_$, $b \neq \_\_\_\_$

g) $\frac{12s^2-18st}{3st} = \_\_\_\_ = \_\_\_\_$ $s \neq \_\_\_\_$, $t \neq \_\_\_\_$

77 Paul hat die folgende Termumformung durchgeführt: $\frac{12(4x^2-8y)}{8x} = \frac{3(x^2-2y)}{2x}$
Welchen Fehler hat Paul beim Kürzen gemacht? Stelle die Umformung richtig!

Fehler: ____________________ richtiges Ergebnis: ____

78 Erweitere den Bruch mit $(x + 5)$!

a) $\frac{x+5}{x-5} = \frac{\square}{(x-5)\cdot(x+5)} = \frac{\square}{\square}$

b) $\frac{2x-1}{x+5} = \frac{\square}{(x+5)\cdot(x+5)} = \frac{\square}{\square}$

79 Bei dieser Rechenmauer soll bis zur Spitze addiert werden! Fülle sie aus!

a) Unterste Reihe: $\frac{7x}{2x-1}$ | $\frac{8x}{2x+1}$ | $\frac{3x}{2x-1}$ | $\frac{4x}{2x+1}$

b) Unterste Reihe: $\frac{7}{a+b}$ | $\frac{4}{a-b}$ | $\frac{3}{a+b}$ | $\frac{8}{a-b}$

80 Mit welchen Termen sind die Bruchterme jeweils zu erweitern? Ergänze alle Lücken!

$\frac{1}{u^2+3u} - \frac{2}{u^2-9} - \frac{1}{u^2-3u} = \frac{\square - 2\cdot\square - \square}{u\cdot(u-3)\cdot(u+3)} = \frac{\square}{u\cdot(u-3)\cdot(u+3)}$

1. Nenner	2. Nenner	3. Nenner
$u^2 + 3u = u\cdot(u+3)$	$u^2 - 9 = (u+3)(u-3)$	$u^2 - 3u = u\cdot(u-3)$

gemeinsamer Nenner: $u\cdot(u-3)(u+3)$

Ungleichung für den Nenner: $u\cdot(u-3)\cdot(u+3) \neq 0$

$\rightarrow u \neq \square$ oder $u - 3 \neq 0 \rightarrow u \neq \square$ oder $u + 3 \neq 0 \rightarrow u \neq \square$

81 Vereinfache! Welche Bedingungen müssen für die Variablen erfüllt sein, damit im Nenner der auftretenden Bruchterme nicht Null steht?

a) $\frac{x(x+y)}{4xy} - \frac{y(x-y)}{4xy} = \frac{\square}{4xy} = \frac{\square}{4xy}$ $x \neq \square$, $y \neq \square$

b) $\frac{5(z-3)}{6z-9} - \frac{4-4z}{3(2z-3)} = \frac{\square}{\square} = \frac{\square}{\square}$ $z \neq \square$

c) $\frac{5u-8}{14-7u} - \frac{6(3u-5)}{7(2-u)} = \frac{\square}{\square} = \frac{\square}{\square}$ $u \neq \square$

d) $\frac{1}{x} - \frac{1}{x-1} = \frac{\square}{\square} = \frac{\square}{\square}$ $x \neq \square$

e) $\frac{3a}{4a-4} - \frac{4a}{3a-3} + \frac{a}{a-1} = \frac{\square}{\square} = \frac{\square}{\square}$ $a \neq \square$

f) $\frac{3z^2+8}{9z^2-16} + \frac{1-3z}{9z+12} = \frac{\square}{\square} = \frac{\square}{\square}$ $z \neq \square$

82 Führe die Multiplikation bzw. die Division durch! Welche Bedingungen müssen die Variablen erfüllen? Führe eine Probe mit geeigneten Zahlen durch!

a) $\frac{x^2}{5y}\cdot\left(-\frac{15y^2}{2x}\right) = \frac{\square}{\square}$ $x \neq \square$, $y \neq \square$

b) $\frac{5y^2-5}{3y+9}\cdot\frac{y^2-9}{5y+5} = \frac{\square}{\square}$ $y \neq \square$

c) $\frac{x-5}{x} : \frac{2x}{x+5} = \square$ $x \neq \square$

d) $\left(-\frac{5z}{8v^2}\right) : \left(-\frac{10z^2}{4v^2}\right) = \frac{\square}{\square}$ $z \neq \square$, $v \neq \square$

e) $\frac{8z-16}{2z^2-18}\cdot\frac{(z-2)^2}{(z+3)^2} = \frac{\square}{\square}$ $z \neq \square$

f) $\left(\frac{a}{2} - \frac{2}{b}\right)\left(\frac{a}{2} + \frac{2}{b}\right) = \square$ $b \neq \square$

83 Vereinfache den Doppelbruch so weit wie möglich!

a) $\frac{\frac{3a}{20}}{\frac{9a}{50}} =$ ______ $a \neq$ ______

b) $\frac{\frac{7a}{4b^2}}{\frac{49a^2}{10b}} =$ ______ $a \neq$ ______, $b \neq$ ______

c) $\frac{1-z^2}{1+\frac{1}{z}} =$ ______ $z \neq$ ______

d) $\frac{3v^2-27}{\frac{v+3}{9v^2}} =$ ______ $v \neq$ ______

84 Vereinfache den Rechenausdruck! Welche Bedingungen müssen die Variablen erfüllen?

a) $\left(\frac{a+2b}{a+b} - \frac{a+b}{a}\right) : \frac{b}{a^2-b^2} = \left(\frac{\quad}{\quad}\right) : \frac{\quad}{\quad} = \frac{\quad}{\quad}$ ______

b) $\left(\frac{b}{a-2b} - \frac{b}{a}\right) \cdot \frac{a^3-4ab^2}{4b^2} = \left(\frac{\quad}{\quad}\right) \cdot \frac{\quad}{\quad} = \frac{\quad}{\quad}$ ______

Merkenswertes

Wähle zum Füllen der Lücken aus den rechtsstehenden Möglichkeiten die passenden aus! Die Buchstaben ergeben den Namen eines berühmten Mathematikers.

A Eigenschaften von Termen

______ und Ausmultiplizieren von ______ sind ______ Rechenoperationen. Durch Herausheben bzw. ______ wird aus einer ______ (Differenz) ein Produkt, umgekehrt wird durch Ausmultiplizieren aus dem ______ eine Summe (______).

Die ______ Formeln gelten in beide Richtungen.

______ $= a^2 + 2ab + b^2$	$(a-b)(a+b) = a^2 - b^2$	$(a+b)^3 = a^3 + 3a^2b + 3ab^2 + b^3$
______ $= a^2 - 2ab + b^2$		______ $= a^3 - 3a^2b + 3ab^2 - b^3$

binomischen	E
Differenz	I
entgegengesetzte	T
Herausheben	G
Produkt	R
Summe	F
Termen	O
Zerlegen	T
$(a+b)^2$	D
$(a-b)^2$	W
$(a-b)^3$	I

B Bruchterme

Für das Rechnen mit Bruchtermen gelten dieselben Rechenregeln wie für das Rechnen mit ______: Bruchterme mit gleichem Nenner werden ______ (subtrahiert), indem man die ______ addiert (subtrahiert) und den Nenner gleich lässt. Bruchterme mit ______ Nennern bringt man auf gleichen ______. Bruchterme werden multipliziert, indem man Zähler ______ und Nenner ______ multipliziert. Sie werden dividiert, indem man den ersten Bruchterm mit dem ______ des ______ multipliziert. Vor dem ______ muss man Zähler und Nenner durch Zerlegen bzw. Herausheben und ______ ______.

addiert	H
Ausmultiplizieren	N
Brüchen	L
Kehrwert	I
Kürzen	I
mit Nenner	E
mit Zähler	L
Nenner	M
vereinfachen	Z
verschiedenen	L
Zähler	E
zweiten	B

Lösungstext _

1 Gleichungen

85 Forme die Gleichung um und trage die Umformungsschritte ein! Ermittle die Unbekannte und führe die Probe durch!

a) $2x-3=\frac{x}{5}+15 \quad |+3$

$2x=$ ___ | ___

___ $=$ ___ | ___

$x=$ ___

Probe: ___

b) $7-\frac{y+1}{4}=-y \quad |\cdot$ ___

$28-$ ___ $=-4y$ | ___

___ $=$ ___ | ___

$y=$ ___

Probe: ___

c) $\frac{x}{4}-\frac{5-2x}{3}+4=\frac{3x}{2} \quad |\cdot$ ___

___ $=18x$ | ___

___ $=$ ___ | ___

$x=$ ___

Probe: ___

d) $\frac{y+2}{3}-\frac{y-2}{6}=\frac{9}{2}-\frac{y}{4} \quad |\cdot$ ___

$4y+8-$ ___ $=$ ___ | ___

___ $=$ ___ | ___

$y=$ ___

Probe: ___

86 Ordne der entsprechenden Gleichung die Lösung zu!

1	$3(x-2)+5x=2x-4(x-2)$	
2	$\frac{x}{3}-\frac{x}{2}+2=\frac{3+x}{6}$	
3	$\frac{4+x}{2}=\frac{7+2x}{4}$	
4	$\frac{2}{3}+x=2\left(\frac{1}{3}-x\right)+3x$	

A	$\{\}$
B	$x=-2{,}1$
C	$x=1{,}4$

D	$x=4{,}5$
E	$x=5$
F	$x\in\mathbb{R}$

87 Ermittle die Unbekannte und führe die Probe durch! Schreibe auf einem Blatt (in deinem Heft) die Lösungsschritte sorgfältig untereinander!

a) $4(8a-6)-5(2+4a)=15(a-1)-16$

b) $(5b-11)(3b+3)-5b^2=(2b-10)(5b-7)-3b-5$

c) $(2c-5)^2-(2c+3)(2c-3)=18-4c$

d) $(d+2)^2+(2d-1)^2=5d(d+1)$

88 Schreibe in der folgenden Textaufgabe den Text zunächst in Form einer Gleichung!
Löse dann die Gleichung und führe die Probe durch!
Überprüfe, ob die Lösung der Gleichung auch Lösung der Textaufgabe ist!
Wenn man das Dreifache einer Zahl um 13 vermindert, erhält man um 11 mehr als ein Drittel der Zahl. Berechne die Zahl!

Gleichung: ____________ Lösung: ___ Die Zahl lautet ___.

89 Finde für das gegebene Zahlenrätsel eine Gleichung! Löse diese und mache die Probe!
Ist die rechnerische Lösung auch eine sinnvolle Lösung der Textaufgabe?
Wenn man die Differenz aus einer Zahl und der Zahl 3 halbiert, erhält man um 3,25 mehr als ein Viertel der Zahl. Wie lautet die Zahl?

Gleichung: ____________ Lösung: ___ Die Zahl lautet ___.

90 Frau Böhm versprach ihrem Sohn Felix, ihm für jede richtig gelöste Mathematikaufgabe aus dem Arbeitsheft 50 Cent zu geben. Allerdings musste Felix sich verpflichten, für jede falsch gelöste Aufgabe 25 Cent zurückzugeben. Nach dem Lösen von 18 Aufgaben erhielt Felix insgesamt 6 €.
Wie viele Aufgaben löste Felix fehlerfrei, wie viele waren falsch?

Gleichung: ______________________

Felix löste ___ Aufgaben richtig, ___ Aufgaben hatte er falsch.

91 Bei einer Preisverteilung machen der 1. Preis 45 %, der 2. Preis 25 %, der 3. und 4. Preis jeweils 15 % der gesamten Gewinnsumme aus. Die Gewinnerin des 1. Preises spendet 6 500 € für einen wohltätigen Zweck, wodurch der ihr verbleibende Betrag nur noch der Hälfte des 2. Preises entspricht.
Berechne die als Gewinn vorgesehenen Beträge!

Gleichung: ____________ 1. Preis: ____ €, 2. Preis: ____ €, 3. Preis: ____ €, 4. Preis: ____ €

92 In einem Dreieck ist eine Seite genau so lang wie die zugehörige Höhe. Wird die Seite um 2 cm und die Höhe um 4 cm verkürzt, so verringert sich der Flächeninhalt um 20 cm².
Wie lang sind Seite und zugehörige Höhe des ursprünglichen Dreiecks?

Gleichung: ____________ Seite: ____ cm, Höhe: ____ cm

93 Von zwei quaderförmigen Aquarien fasst das größere mit einer Grundfläche von 70 cm mal 50 cm um 56 Liter Wasser mehr als das kleinere, dessen Grundfläche die Ausmaße 60 cm mal 40 cm hat.
Das größere Aquarium ist 5 cm höher als das kleinere. Welche Höhen haben die beiden Aquarien?

Gleichung: ____________ Höhe des 1. Aquariums: ____ cm, Höhe des 2. Aquariums: ____ cm

94 Die vier Seitenflächen des unten abgebildeten Hausdaches haben zusammen eine Fläche von 150 m².
Wie groß ist die Grundfläche A des Dachbodens?
Überlege: Das Hausdach besteht aus zwei Trapezen und zwei Dreiecken, die jeweils deckungsgleich sind.

$2 \cdot A_{Trapez} + 2 \cdot A_{Dreieck} = 150$

____ = 150

____ = 150

____ = ____

x = ____ → A = ____ = ____ m²

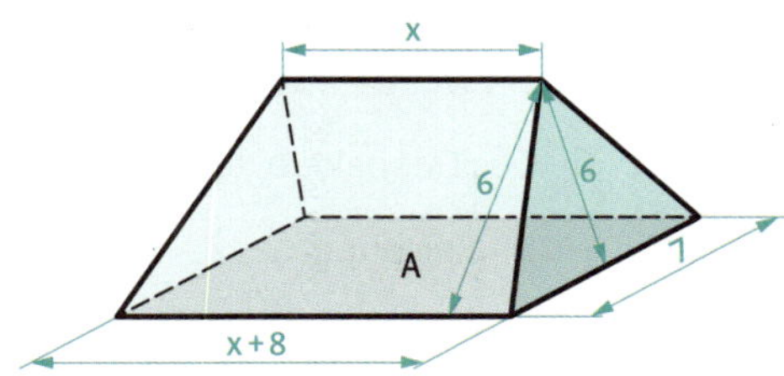

95 Ermittle die Unbekannte! Vergiss nicht auf die Probe! Welche Werte müssen ausgeschlossen werden?

a) $\frac{3}{a} = 5 - \frac{7}{a}$ a ≠ ____; a = ____

b) $\frac{3}{b-1} - 2 = -3$ b ≠ ____; b = ____

c) $\frac{3}{x+4} - \frac{5}{4x} = \frac{1}{x}$ x ≠ ____; x = ____

d) $\frac{2}{y+1} = \frac{1}{y+4} + \frac{1}{y}$ y ≠ ____; y = ____

96 Trage die Nenner in die Tabelle ein, bestimme den jeweiligen gemeinsamen Nenner und die Erweiterungsfaktoren! Ermittle die Unbekannte! Welche Werte müssen ausgeschlossen werden?

a) $\frac{5x-3}{6x^2-2x} - \frac{3x+5}{3x-1} = \frac{-1-x}{x}$

$\frac{5x-3}{2x(3x-1)} - \frac{2x(3x+5)}{2x(3x-1)} = \frac{2(3x-1)(-1-x)}{2x(3x-1)}$ | · GN

____ = ____

____ = ____

____ = ____

x = ____

Nenner	gemeinsamer Nenner (GN)	Erweiterungsfaktoren
$6x^2 - 2x = 2x($ ____ $)$	$2x(3x-1)$ x ≠ ____	1
$3x - 1$		2x
x		$2(3x-1)$

Probe: linke Seite: ____; rechte Seite: ____

b) $\frac{3y-1}{3y-6} - \frac{10y+3}{6y^2+12y} = \frac{3y^2+7}{3y^2-12}$

____ | · GN

____ = ____

____ = ____

____ = ____

y = ____

Probe: linke Seite: ____; rechte Seite: ____

Nenner	gemeinsamer Nenner (GN)	Erweiterungsfaktoren
$3y - 6 = 3($ ____ $)$	____ ____ y ≠ ____	
$6y^2 + 12y = 6y($ ____ $)$		
$3y^2 - 12 = 3($ ____ $) =$ $= 3($ ____ $)($ ____ $)$		

2 Ungleichungen

97 Gib die Lösungsmenge der Ungleichung an!

a) $-2a \leq 4$ a ___ $L = \{a \in \mathbb{R} \mid \ \}$

b) $\frac{b}{2} > 3$ b ___ $L = \{b \in \mathbb{R} \mid \ \}$

c) $-\frac{3}{2} \leq -\frac{2}{3}c$ c ___ $L = \{c \in \mathbb{R} \mid \ \}$

d) $3 - \frac{d}{4} \geq 7$ d ___ $L = \{d \in \mathbb{R} \mid \ \}$

e) $13e - 28 \leq 102$ e ___ $L = \{e \in \mathbb{R} \mid \ \}$

f) $17 - 2f < 8$ f ___ $L = \{f \in \mathbb{R} \mid \ \}$

98 Ermittle die Lösungsmenge der Ungleichung und führe geeignete Tests zur Überprüfung der Lösungsmenge durch!
Skizziere die Lösung der Ungleichung auf der Zahlengeraden!

a) $6(x-2) < 5(x+1)$ $L = \{x \in \mathbb{R} \mid \ \}$ Test:

b) $4y(y-3) + 1 < (2y+3)^2$ $L = \{y \in \mathbb{R} \mid \ \}$ Test:

c) $(z-3)^2 - (z+2)^2 < 3(2-z)$ $L = \{z \in \mathbb{R} \mid \ \}$ Test:

d) $\frac{2x-1}{4} < \frac{x+3}{6}$ $L = \{x \in \mathbb{R} \mid \ \}$ Test:

Schreibe den Text von Aufgaben 99–103 in Form einer Ungleichung! Gib die Lösungsmenge und eine sinnvolle Antwort an!

99 Das Doppelte einer Zahl ist größer als das um 4 verminderte Dreifache derselben Zahl.

Ungleichung: ______ Lösungsmenge: ______ Antwort: ______

100 Gib die Ungleichung und deren Lösung an! Formuliere eine Antwort!
Vermehrt man ein Drittel einer Zahl um 10, so ist das Ergebnis größer als das um 1 verminderte Doppelte der Zahl.

Ungleichung: ______ Lösungsmenge: ______ Antwort: ______

101 Ein Transporter, dessen Ladefläche 1,20 m hoch liegt, soll mit Balken der Höhe 12 cm beladen werden. Der Transportweg führt durch eine Bahnunterführung mit einer Höhenbeschränkung von 3,70 m.
Wie viele Balken darf man auf der Ladefläche höchstens übereinander stapeln?

Ungleichung: ______ Lösungsmenge: ______ Antwort: ______

102 Julia tritt einem Buchclub bei, in dem sie Bücher 15 % unter dem normalen Ladenpreis von 9 € kaufen kann. Der Jahresbeitrag des Clubs beträgt 35 €. Wie viele Bücher muss Julia im Jahr mindestens kaufen, damit sich die Mitgliedschaft im Club für sie lohnt?

Ungleichung: ______ Lösungsmenge: ______ Antwort: ______

103 Frau Becker kann für den Unterhalt ihres Autos im Monat höchstens 220 € ausgeben.
Bei einem Auto mit Benzinmotor rechnet sie für Steuer, Versicherung und diverse andere Kosten 150 €, bei einem Benzinpreis von 1,28 €/Liter.
Für ein in der Anschaffung teureres Auto mit Elektromotor rechnet sie für die monatlichen Fixkosten 110 €, bei Stromkosten von 40 Cent/kWh.
Wie viel **a)** Liter Benzin **b)** Kilowattstunden an Strom darf Frau Becker im Monat höchstens verbrauchen?

a) Ungleichung: ______ Lösungsmenge: ______ Antwort: ______

b) Ungleichung: ______ Lösungsmenge: ______ Antwort: ______

2 Ungleichungen 3 Formeln

104 Auf der Zahlengeraden ist die Lösungsmenge einer Ungleichung markiert. Ordne die richtigen Intervalle zu!

1 $x \in [-1; 3]$ 2 $x \in (-1; 3]$ 3 $x \in (-1; 3)$ 4 $x \in [-1; 3)$ 5 $x \in (-\infty; 3)$ 6 $x \in (-\infty; 3]$ 7 $x \in (3; \infty)$ 8 $x \in [3; \infty)$

105 Samira löst eine Ungleichung folgendermaßen:

$3a - 2 < a + 8 \quad | +2$
$3a < a + 10 \quad | -a$
$2a > +10 \quad | :2$
$a > 5$

Gib an, welchen Fehler Samira gemacht hat! Was hat sie hier verwechselt?

______

106 Löse die Gleichung nach x! Führe die Probe durch!

a) $3x + 6p = 4x - 4p$ x = ____ Probe: ____
b) $7x + q = 10x - 5q$ x = ____ Probe: ____
c) $6a - 2x = x + 12a$ x = ____ Probe: ____
d) $3x = 10b - (4x + 3b)$ x = ____ Probe: ____

107 Die Figuren E, F, G und H zeigen Rechtecke mit dem gleichen Flächeninhalt A.
Welche Figur passt zu welcher Formel? Begründe deine Entscheidungen mit eigenen Worten!
Zu welcher Figur passt keine der vier Formeln? ______

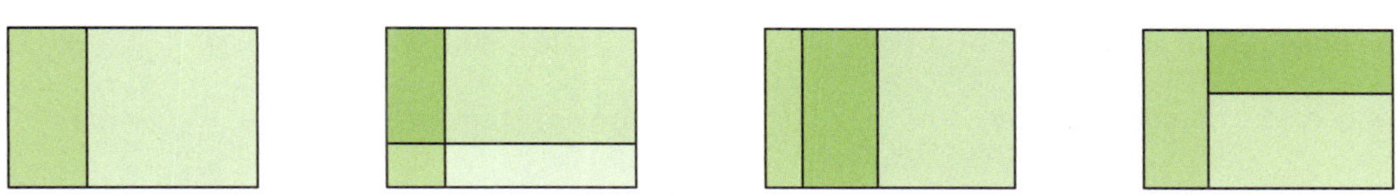

I $A = x \cdot y + y \cdot z = y \cdot (x + z)$ ______

II $A = a \cdot (c + d) + b\,(c + d) = (a + b)(c + d)$ ______

III $A = p \cdot q + p \cdot r + p \cdot s = p \cdot (q + r + s)$ ______

IV $A = g \cdot h + g \cdot e + f \cdot h + f \cdot e = (\ \ + \ \ )(\ \ + \ \ )$ ______

108 Drücke in der Formel zunächst jede der vorkommenden Variablen durch die anderen aus!
Gib an, wofür die Formel dient!

a) $h = \sqrt{3} \cdot \frac{a}{2}$ a = ____ ______
b) $a = \sqrt{h^2 + \left(\frac{c}{2}\right)^2}$ h = ____ , c = ____ ______
c) $V = \frac{a^2 \cdot h}{3}$ h = ____ , a = ____ ______

109 Forme die Formel so um, dass die Variable x explizit ausgedrückt wird!

a) $2a = \frac{5 + 2x}{b}$ x = ____ **b)** $3x^2 = 5b - \frac{a}{2}$ x = ____ **c)** $\frac{1}{abx} = 6$ x = ____

110 Die Formel für den freien Fall aus einer Höhe h_0 lautet $h = -5t^2 + h_0$.

1) Drücke aus dieser Formel die Zeit t explizit aus! ____

2) Wie viele Sekunden nach dem Loslassen fällt ein Ball im ersten Stock ($h = 3\,m$) „vorbei", der im 5. Stock ($h_0 = 12\,m$) losgelassen wurde? ____

______

111 Bei einem Kettenkarussell kann man durch den Auslenkwinkel der Sitze ungefähr feststellen, wie schnell sich das Karussell dreht. Die Katheten des eingezeichneten Dreiecks entsprechen der Fliehkraft $F_F = \frac{m \cdot v^2}{r}$ und der Gravitationskraft $F_G \approx 10 \cdot m$. Bei dem eingezeichneten Winkel im Bild gilt ca. $F_G = 3 \cdot F_F$.

1) Schreibe diese Formel auf! Welche Variable kann wegfallen? Was bedeutet das?

____

2) Berechne die Geschwindigkeit des Kettenkarussells in m/s und in km/h, wenn der Radius $r = 5\,m$ beträgt! ______________

Merkenswertes

Wähle zum Füllen der Lücken aus den rechts stehenden Möglichkeiten die passenden aus! Trage die Wortteile in der Reihenfolge der Lücken in den Lösungstext ein!

A Gleichungen und Ungleichungen

Wenn wir eine ______ lösen, suchen wir für die Unbekannte jene Zahl, die die Gleichung ______. „Eine Ungleichung in ℝ lösen" heißt, für die Variable jene ______ Zahlen zu ermitteln, die die ______ erfüllen.
Die lineare Gleichung $a x + b = c$ hat für $a \neq 0$ ______ Lösung, die zugehörige lineare Ungleichung $a x + b < c$ hat ______ viele Lösungen. Bei Ungleichungen spricht man von einer ______ L mit im Allgemeinen ______ einem Element. Die ______ in Gleichungen und der Bereich für die Variable in Ungleichungen mit einer Unbekannten kann durch sinnvolles ______, durch Rückgängigmachen der ______ oder durch Äquivalenzumformungen ______ werden. Beachte aber: Beim Multiplizieren einer Ungleichung mit einer ______ Zahl bzw. beim Dividieren durch eine negative Zahl muss das Ungleichheitszeichen „umgedreht" werden.

Anwenden	rd
bestimmen	a
erfüllt	ch
ermittelt	hlt
genau eine	l
Gleichung	Ni
Klammern	en
Lösungsmenge	w
mehr als	a
multipliziert	ve
negativen	wer
Probieren	ge
rationalen	b
Rechenoperationen	zä
reellen	t
Unbekannte	s
unendlich	es
Ungleichung	al

B Formeln

Durch ______ von Formeln kann man eine Variable (zB x) durch die ______ Variablen ausdrücken. Diese Variable wird dann ______ ausgedrückt. Bei der Berechnung von x werden dann die anderen Variablen als ______ Zahlen betrachtet.

anderen	kann
explizit	zä
konstante	hlt
Regeln	lt
Summand	fo
Umformen	den

Lösungstext „_ _ _ _ _ _ _ _ _ _, _ _ _ _ _ _ _ _ _ _ _ _ _ _ _ _ _ _, _ _ _ _ _ _." **(Albert Einstein)**

1 Einführung von Funktionen

112 Entscheide, ob es sich bei der Zuordnung um eine Funktion handelt und gib passende Zuordnungen an! Falls keine Funktion vorliegt, zeige das anhand eines Beispiels!

a)

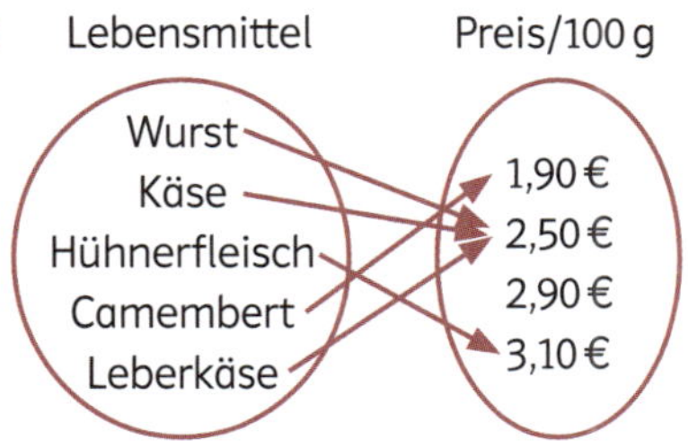

Funktion: ja ☒ nein ○

Zuordnungen/Gegenbeispiele

f(Wurst) = ______ €

______

______

b)

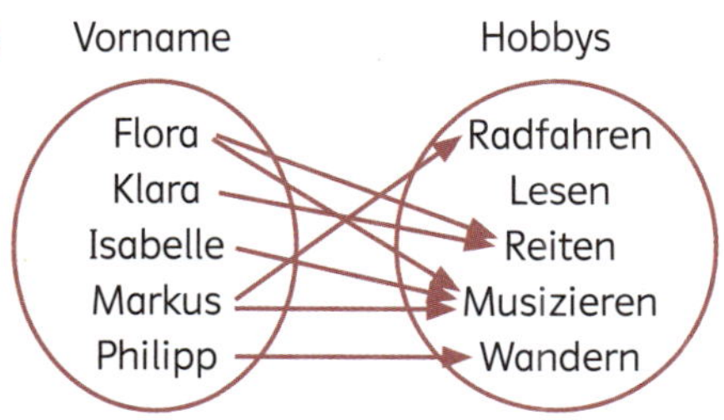

Funktion: ja ○ nein ○

Zuordnungen/Gegenbeispiele

______

______

c)

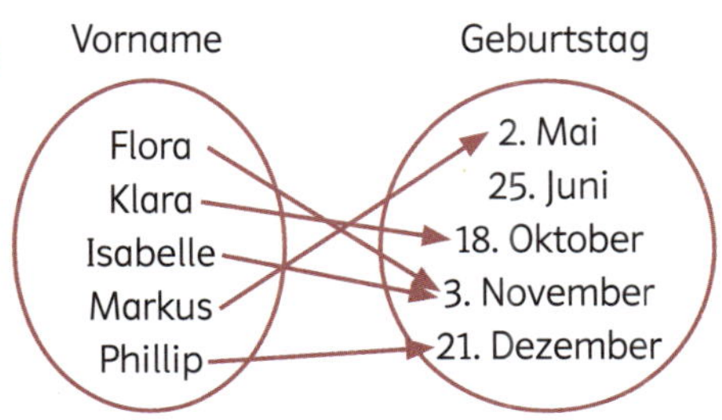

Funktion: ja ○ nein ○

Zuordnungen/Gegenbeispiele

______

______

113 Ordne den Nachnamen der Komponisten jeweils ihre Vornamen zu und schreibe alle Zuordnungen auf!

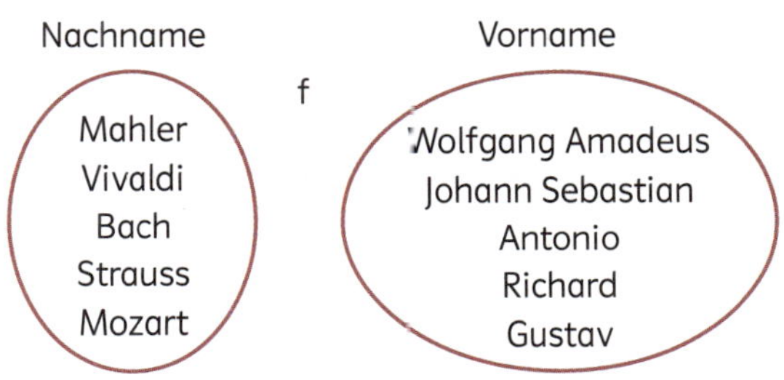

______

______

114 Entscheide, ob es sich bei der Zuordnung um eine Funktion handelt und begründe deine Entscheidung!

a)

x	y
1	7
2	8
3	9
4	10

b)

x	y
1	0
1	7
2	3
2	4

c)

x	y
0	7
1	7
2	7
3	7

d)

x	y
0	kein Wert
1	4
2	8
3	6

115 **1)** Welche der folgenden Abbildungen zeigen den Graphen einer Funktion $y = f(x)$? ______

A

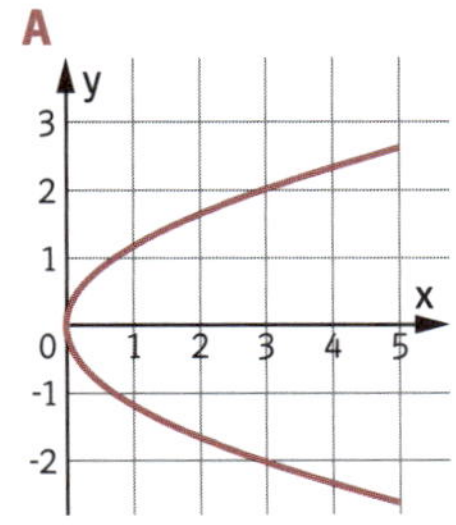

B

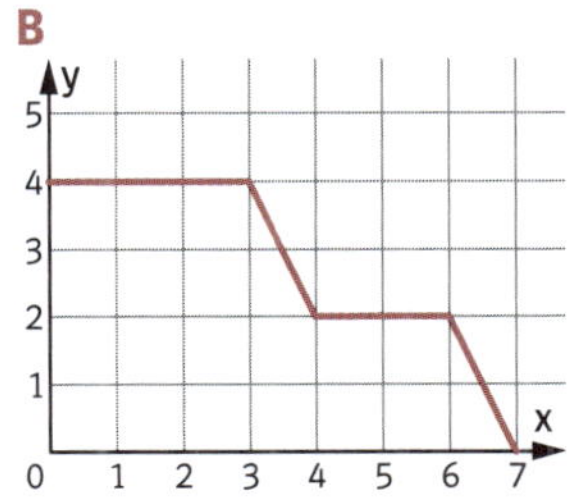

C

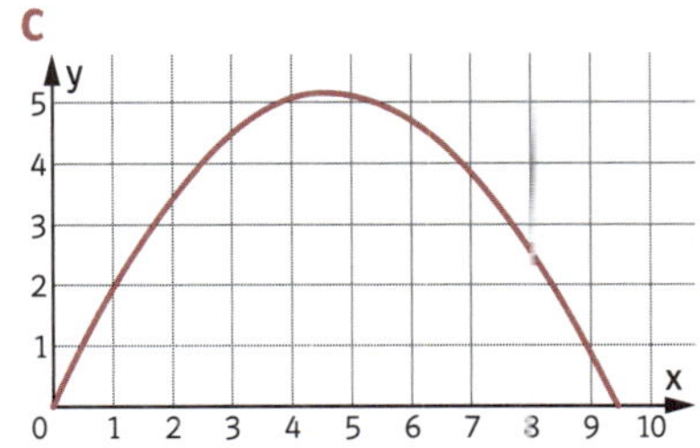

D

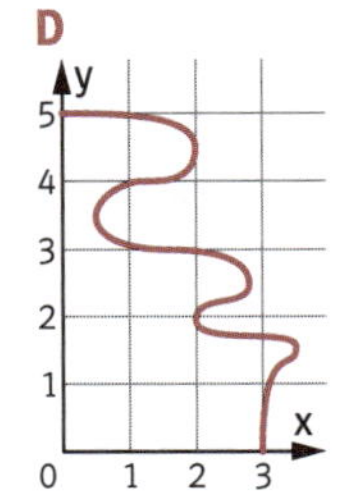

2) Welche Figuren sind keine Graphen von Funktionen? Begründe!

______

2 Darstellungsarten von Funktionen

116 **a)** Term ➞ Tabelle

Gegeben ist der Term $f(x) = \frac{1}{2}x + 3$. Ergänze die y-Werte in der Tabelle!

x	−2	−1	0	1	2	3
f(x)	$\frac{1}{2} \cdot (-2) + 3 =$					

b) Tabelle ➞ Graph

Trage die Punkte aus a) in das Koordinatensystem ein und verbinde sie zu einer Geraden! Gib durch Ablesen drei weitere Punkte des Graphen an! A = (|), B = (|), C = (|)

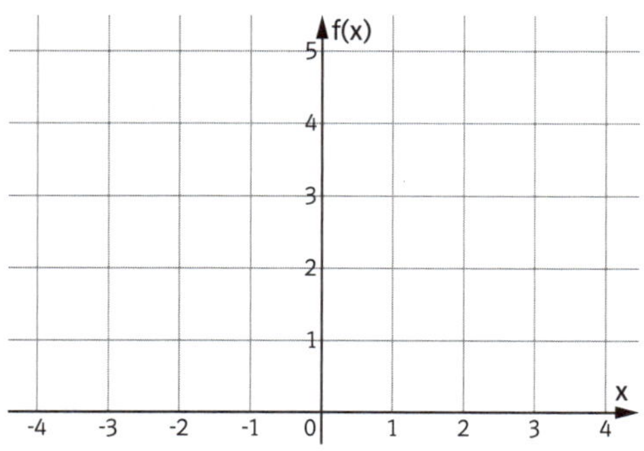

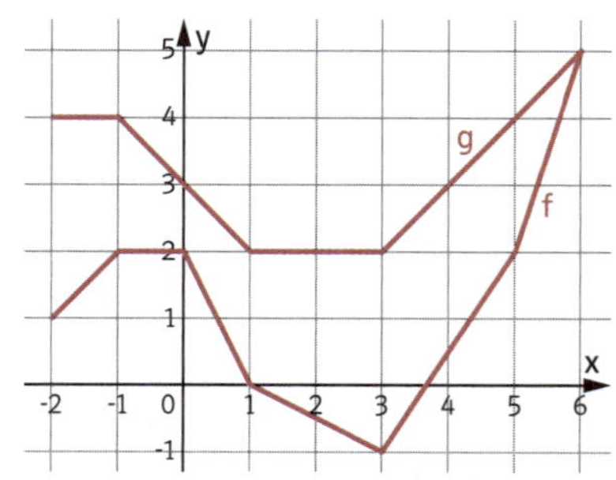

c) Graph ➞ Tabelle

Lies aus dem Graphen rechts zu den ganzzahligen x-Werten die entsprechenden y-Werte ab und trage alle Werte in die Tabelle ein!

x									
f(x)									
g(x)									

117 Carla geht zu Fuß zur Schule. Der Graph beschreibt ihre Entfernung von der Schule.
Lies zu den ganzzahligen y-Werten die entsprechenden x-Werte aus dem Graphen ab und trag die Werte in die Tabelle ein!
Beschreibe Carlas Bewegung mit eigenen Worten!

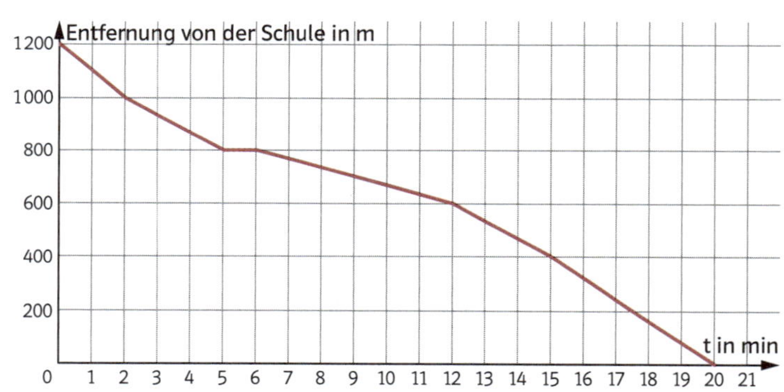

t							
g(t)							

___

___

118 Kreuze die beiden richtigen Aussagen über lineare Funktionen an!

- ○ **A** Der Graph jeder linearen Funktion schneidet die x-Achse.
- ○ **B** Der Graph jeder linearen Funktion schneidet die y-Achse.
- ○ **C** Der Graph einer linearen Funktion geht immer durch den Ursprung.
- ○ **D** Jede Gerade ist der Graph einer linearen Funktion.
- ○ **E** Der Graph jeder linearen Funktion ist eine Gerade.

119 Fertige zu dem Term eine Tabelle mit fünf x-Werten aus $[-10; +10]$ an!

a) $f(x) = 3x - 2$ **b)** $g(x) = -2x + 1$ **c)** $h(x) = x^2 - 2$ **d)** $i(x) = -2x^2 + 1$

120 Drei Gefäße werden gleichmäßig mit Wasser gefüllt.
Ordne jedem Gefäß die passende Zuordnung „Zeit-Füllhöhe" zu und begründe deine Wahl!

1

2
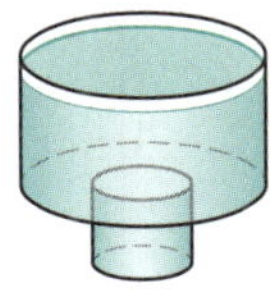

3
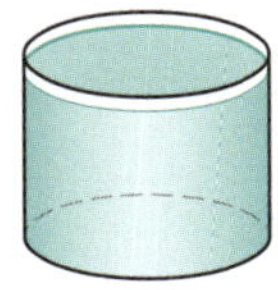

A

B

C

121 Eine zylinderförmige, oben offene Regentonne hat eine Höhe von 80 cm.

A
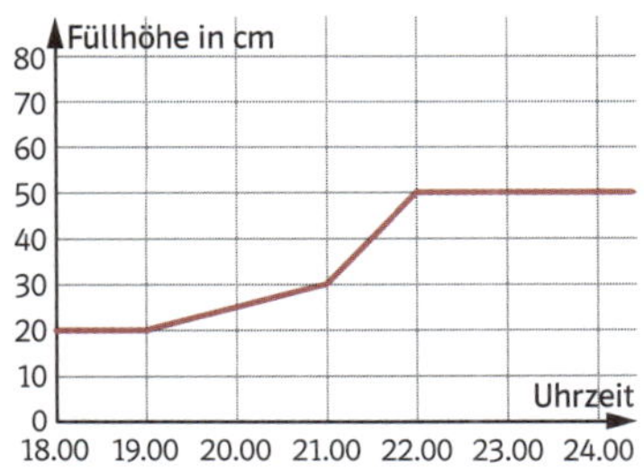

C
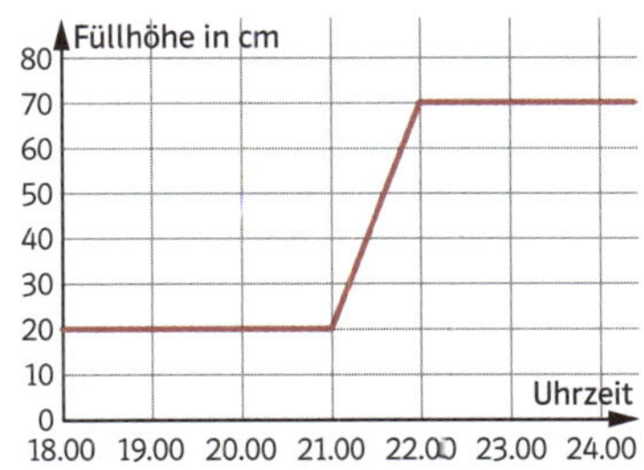

B
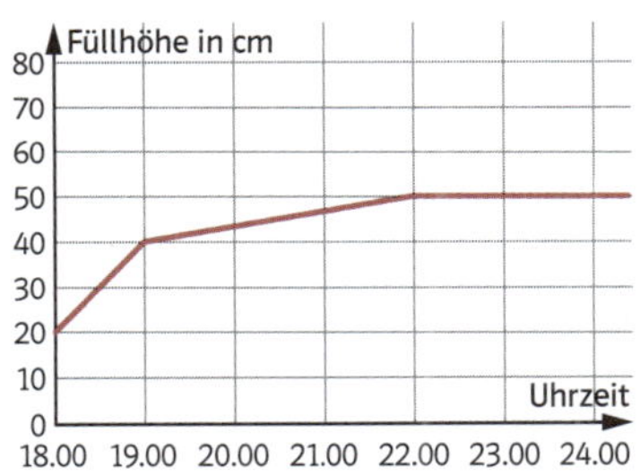

D
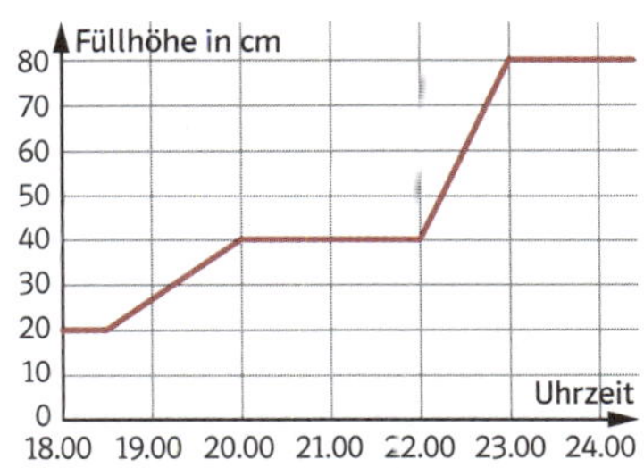

a) Ordne den Aussagen jeweils den bzw. die passenden Graphen zu!

1 Es hat nur einmal kurz, aber sehr heftig geregnet.

2 Es hat insgesamt drei Stunden lang geregnet.

3 Um 20:30 Uhr und um 24:00 Uhr hat es nicht geregnet.

4 Es hat vier Stunden ununterbrochen geregnet.

5 Der Regen hat die Regentonne gefüllt.

6 Gegen 22:00 Uhr war der Regen zu Ende.

7 Zuerst gab es einen Regenschauer, dann hat es noch drei Stunden leicht geregnet.

8 In einer Stunde hat es doppelt so viel geregnet wie in den zwei Stunden davor.

b) Warum ist es bei Abbildung D nicht zu jedem Zeitpunkt möglich abzulesen, ob es geregnet hat oder nicht? ______________________________

____

122 In der folgenden Figur ist die Fahrt eines Aufzugs in einem Wohnhaus mit 6 Stockwerken dargestellt. Beschreibe die Bewegung des Aufzugs (Stillstand, Aufwärtsfahren, Abwärtsfahren …)!

Der Aufzug steht ____ Sekunden im ____ Stockwerk.

Dann ______________________________

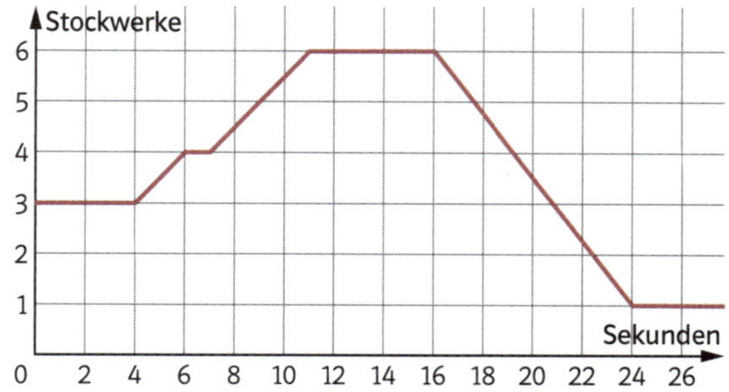

123 Ein Fallschirmspringer misst mit Hilfe eines Höhenmessers bei geöffnetem Schirm zu verschiedenen Zeitpunkten seine Höhe über dem Erdboden. Die Messung ergab die folgende Wertetabelle.

Fallzeit t in s	5	10	15	20	30
Höhe h in m	310	290	270	250	210

1) Stelle die Höhe als Funktion der Fallzeit dar! Zeichne die Werte in ein geeignet gewähltes Koordinatensystem (Diagramm rechts)! Beschrifte die Koordinatenachsen sinnvoll!

2) Erkläre, dass der Zusammenhang zwischen der Fallzeit und der Höhe durch eine lineare Funktion beschrieben werden kann und stelle die Funktionsgleichung auf!

____

3) Wann hat der Fallschirmspringer eine Höhe von 100 m erreicht? ____

124 Fertige für die Funktionen eine Tabelle an! Zeichne ihre Graphen in ein gemeinsames Koordinatensystem! Wähle geeignete Einheiten (Intervall: $-5 \leq x \leq 5$)!

a) 1) f_1: $y = k \cdot x$ für $k = 0{,}5$ **2)** f_2: $y = k \cdot x$ für $k = 1{,}5$ **3)** f_3: $y = k \cdot x$ für $k = -1{,}5$

b) 1) g_1: $y = x + 2$ **2)** g_2: $y = x - 2$ **3)** g_3: $y = -x + 2$

x	$f_1(x)$	$f_2(x)$	$f_3(x)$	$g_1(x)$	$g_2(x)$	$g_3(x)$

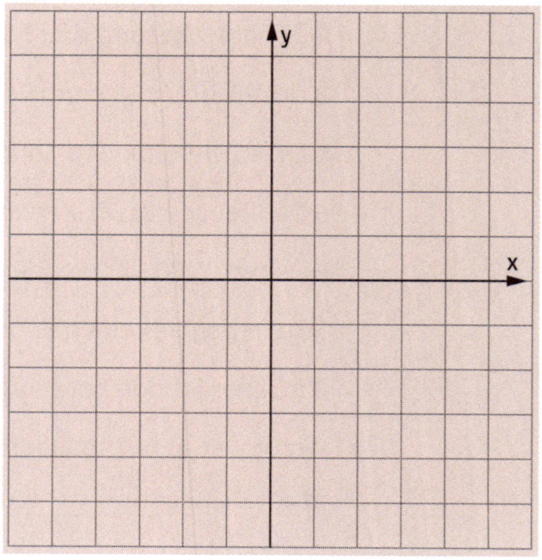

3 Lineare Funktionen

125 Gegeben sind vier lineare Funktionen:

f_1: $y = 3x + 7$ f_2: $y = 7{,}8x$ f_3: $y = -1{,}5x - 3$ f_4: $y = 16x$

1) Welche Funktionen gehen durch den Ursprung?

2) Eine dieser Funktionen besitzt als Graph eine fallende Gerade. Welche ist es?

Zeichne den Graphen dieser Funktion im Intervall $-4 \le x \le 2$!
Gib die Steigung k und den Steigungswinkel α dieser Geraden an!   k = , α ≈

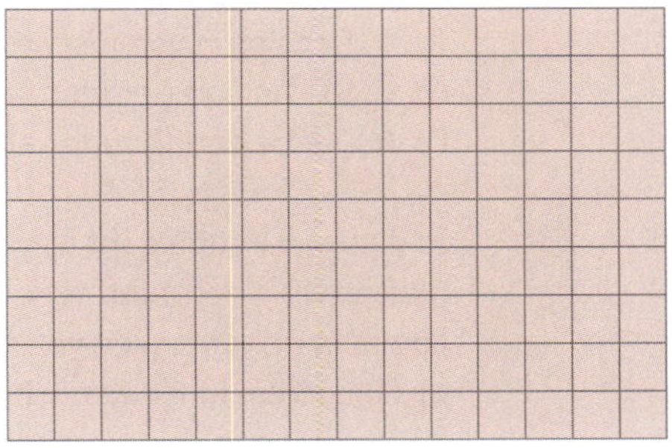

126 Zeichne in das Koordinatensystem rechts den Punkt P = (3 | 1,5) und verbinde ihn mit dem Koordinatenursprung! Lies die Steigung der zugehörigen Geraden ab und ermittle die Funktionsgleichung der entsprechenden (direkt) proportionalen Funktion!

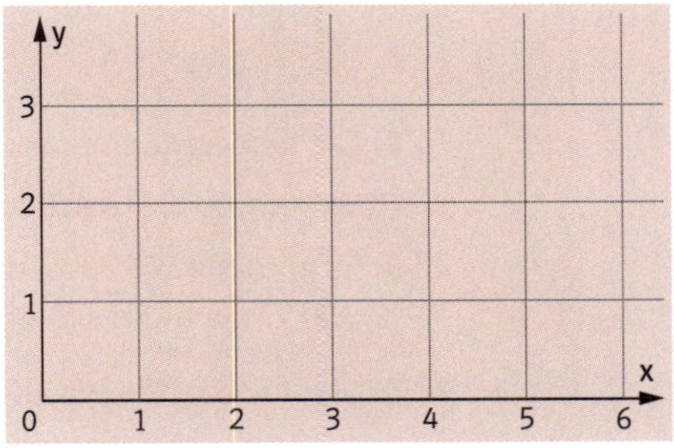

127 Welche Funktionsgleichung gehört zu welcher Geraden?
Beschrifte sie mit f_1, f_2 … f_6! Begründe!

f_1: $y = x - 4$ f_2: $y = 1$ f_3: $y = 2{,}5x + 5$ f_4: $y = 4x - 2$ f_5: $y = -4x + 2$ f_6: $y = -2x + 5$

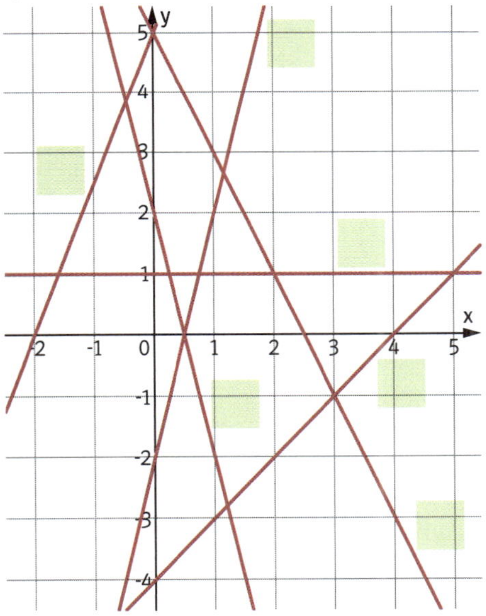

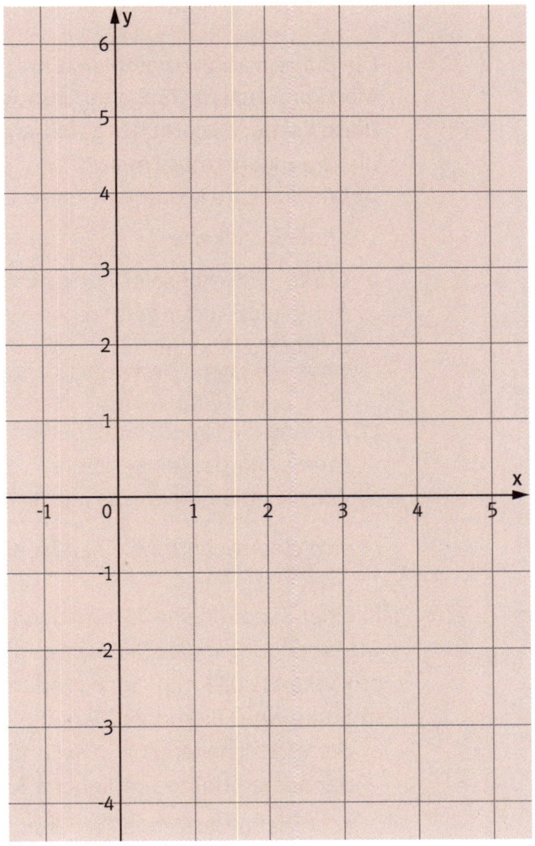

128 Von einer linearen Funktion $y = kx + d$ kennt man den Punkt P bzw. Q und die Steigung k bzw. den Abschnitt d auf der y-Achse.
Wie lautet die Funktionsgleichung? Überprüfe dein Rechenergebnis durch eine Zeichnung!

a) P = (2 | 6); k = 1,5   Funktionsgleichung: **b)** Q = (2 | 2); d = −4   Funktionsgleichung:

129 Gegeben sind die Funktionen f: $y = 3x - 2$ und g: $y = -\frac{1}{3}x + 4$. Kreuze die zutreffende(n) Aussage(n) an!

- ○ **A** Die Gerade f hat die Steigung 3 und den Abschnitt $d = -2$ auf der y-Achse und die Gerade g hat die Steigung 4 und den Abschnitt $d = -\frac{1}{3}$ auf der y-Achse.
- ○ **B** Der Graph von f ist steiler als der von g und schneidet die y-Achse unterhalb des Graphen von g.
- ○ **C** Die beiden Geraden stehen normal aufeinander.
- ○ **D** Die beiden Geraden sind parallel und g liegt oberhalb von f.

130 In dieser Aufgabe geht es um zylindrische Kerzen, die ganz gleichmäßig herunterbrennen. Untersucht wird ihre (Rest-) Länge in Abhängigkeit von der Zeit.

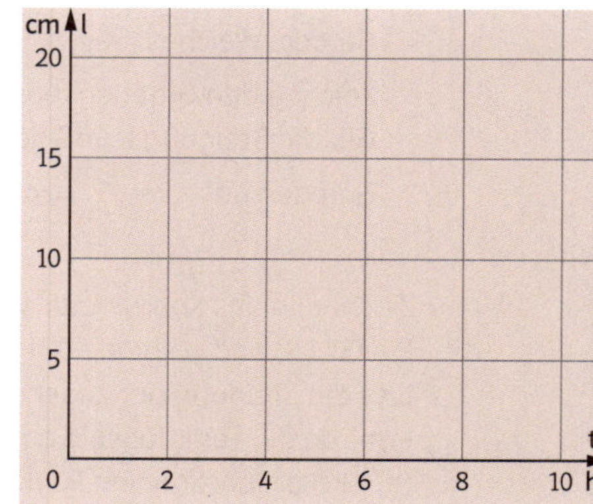

a) Eine 15 cm lange Kerze brennt in 10 Stunden ab, eine 20 cm lange Kerze brennt in 8 Stunden ab.

1) Zeichne die zugehörigen Graphen in ein Koordinatensystem und ermittle die Funktionsgleichungen!

____

2) Die beiden Kerzen werden gleichzeitig angezündet. Wann sind sie gleich lang? ____

3) Es wird nur die längere Kerze angezündet. Wie lange muss sie brennen, bis sie so lang ist wie die kurze? ____

b) Zu vier Kerzen, die gleichzeitig brennen, werden die zugehörigen Graphen in ein Koordinatensystem gezeichnet. Sie verlaufen parallel zueinander.
„Dann müssen die Kerzen gleich lange brennen!" meint Armin. Laura glaubt, dass die Kerzen gleich dick, aber verschieden hoch sind. Sarah denkt, dass die Kerzen gleich hoch, aber verschieden dick sind.

Wer hat Recht? Begründe deine Antwort! ____

131 Die Bahn in Mathematanien führt ein neues Tarifsystem ein. Man kann sich für 75 € eine Grundkarte kaufen. Besitzt man diese Karte, so kostet der gefahrene Kilometer 20 Cent. Ohne die Grundkarte muss man 50 Cent pro Kilometer bezahlen.

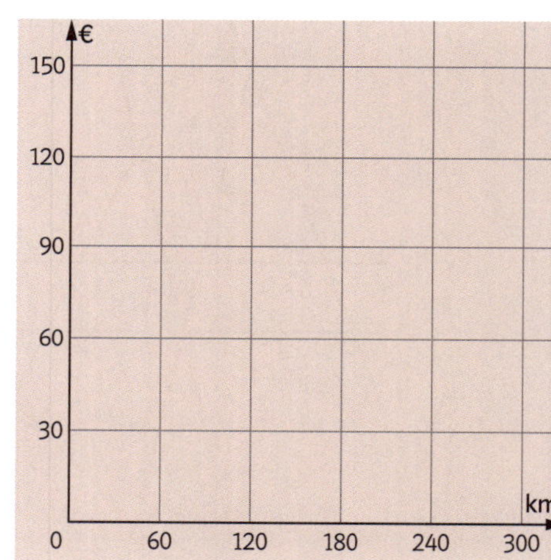

a) Wie viel Euro kostet eine Strecke von 600 km mit und ohne Grundkarte? ____ €, ____ €

b) Gib die Funktionsgleichung für die Zuordnung Fahrpreis in Abhängigkeit der gefahrenen Kilometer für beide Zahlungsmöglichkeiten an!

____

c) Zeichne die Graphen der beiden Funktionen in ein gemeinsames Koordinatensystem!

d) Wie viel Kilometer muss man mindestens fahren, damit sich die Anschaffung einer Grundkarte lohnt? ____ km

132 In einer Sanduhr sind 75 mm³ Sand enthalten. Die Verengung in der Mitte ist so groß, dass pro Sekunde 0,25 mm³ Sand hindurchrieseln.

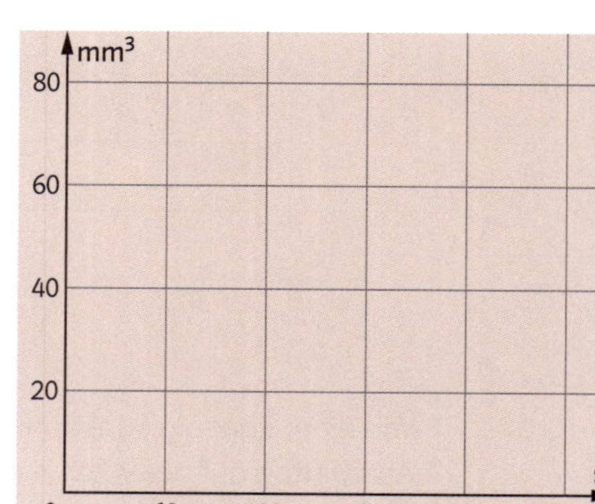

a) Stelle eine Funktionsgleichung auf, die der verstrichenen Zeit in Sekunden das in der oberen Hälfte verbliebene Sandvolumen zuordnet und zeichne den Graphen! ____

b) Nach welcher Zeit befindet sich der gesamte Sand in der unteren Hälfte? ____

c) Sandra isst ihr Frühstücksei gern mit einer Kochzeit von 6 min. Wie viel Kubikmillimeter Sand müsste sie in die Sanduhr füllen, damit sie 6 min misst? ____ mm³

4 Weitere Funktionstypen

133 Zeichne die Graphen der durch ihre Funktionsgleichungen gegebenen Funktionen jeweils in ein gemeinsames Koordinatensystem (Einheiten: x-Achse: 1 E ≙ 2 Kästchen; y-Achse: 1 E ≙ 1 Kästchen)! Lege auf einem Blatt Papier eine Wertetabelle zumindest für alle ganzzahligen x-Werte im gegebenen Intervall an! Vergleiche jeweils die Funktionsgraphen! Was fällt dir auf?

a) Intervall: $-3 \leq x \leq 3$

1) $f_1\colon y = x^2 + 1$ **2)** $f_2\colon y = x^2 - 2$ **3)** $f_3\colon y = -x^2 + 1$

b) Intervall: $-2 \leq x \leq 3$

1) $f_1\colon y = (x-1)^2$ **2)** $f_2\colon y = (x-2)^2$ **3)** $f_3\colon y = (x+1)^2$

a)

b)

134 Gegeben ist die Funktion f: $y = \frac{1}{x-2}$

1) Lege eine Wertetabelle an und zeichne den Graphen der Funktion im Intervall $-1 \leq x \leq 5$! Welche Werte darf die Variable x nicht annehmen?

2) Um welche Art von Funktion handelt es sich?

Gib die Gleichung jener Funktion an, deren Graph genauso aussieht wie jener der gegebenen Funktion, nur dass er in Richtung der x-Achse um zwei Einheiten nach links verschoben ist.

135 Ein Rechteck hat den Flächeninhalt 12 cm².

1) Berechne die Breite b, wenn die Länge l gegeben ist! Erstelle auf einem Blatt Papier eine Tabelle! $(0 < l \leq 12)$

2) Stelle die Funktionsgleichung für die Breite b in Abhängigkeit von der Länge l auf! b =

3) Zeichne den Graphen der Funktion! (Einheit 5 mm)

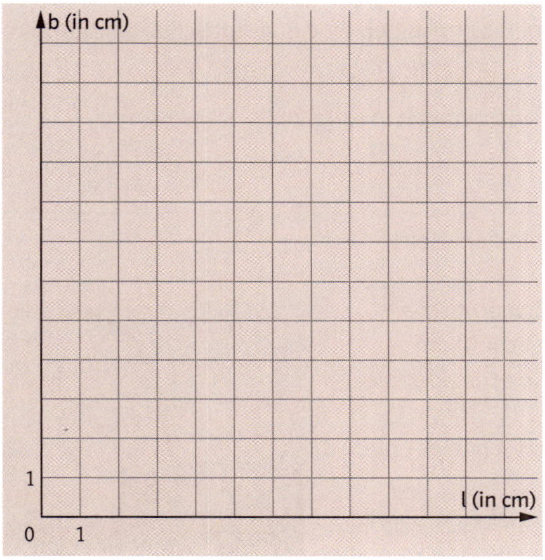

136 Ordne den Graphen jeweils ihre Funktionsgleichungen zu!

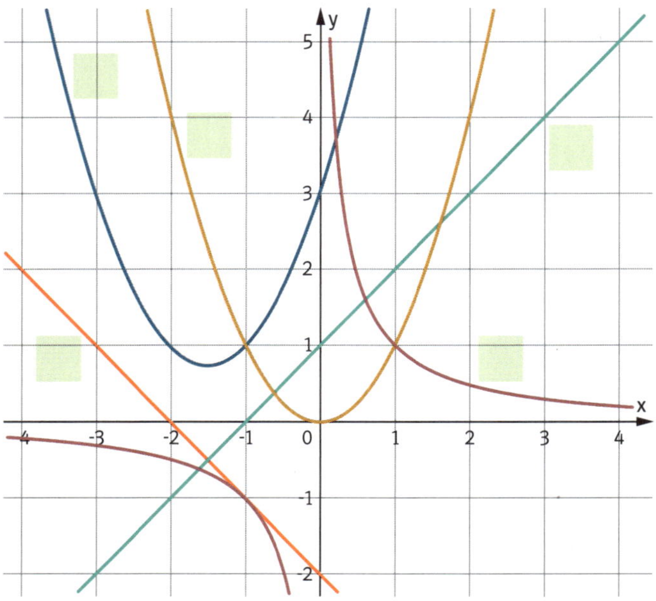

$f(x) = x^2$

$g(x) = \frac{1}{x}$

$h(x) = x + 1$

$p(x) = -x - 2$

$q(x) = x^2 + 3x + 3$

137 Kreuze für ① und ② so an, dass ein mathematisch richtiger Satz entsteht!

Der Graph einer ① ($a \in \mathbb{R}\setminus\{0\}$) geht niemals durch ②

①	
O	linearen Funktion $f(x) = a \cdot x$
O	quadratischen Funktion $f(x) = a \cdot x^2$
O	gebrochen rationalen Funktion $f(x) = \frac{a}{x}$

②	
O	den Ursprung.
O	den Punkt (1 | 1).
O	den 3. Quadranten.

138 Ordne den Funktionsgleichungen die entsprechenden Punkte zu!

1	$f(x) = 0{,}5 \cdot x^2$	
2	$f(x) = 3 \cdot x^2$	
3	$f(x) = \frac{2}{x}$	
4	$f(x) = 4 \cdot x$	

A	(0 | 0); (2 | 12)
B	(0 | 0); (2 | 3)
C	(−1 | −4); (1 | 4)

D	(0 | 0); (2 | 2)
E	(1 | 2); (−1 | 2)
F	(1 | 2); (−1 | −2)

139 **1)** Welche der folgenden Funktionsgleichungen beschreiben eine quadratische Funktion? Kreuze beide an!

O **A** f: $y = \frac{1}{5x - 1}$ O **B** g: $y = x^2 + 2x$ O **C** h: $y = \frac{x}{2}$ O **D** i: $y = \frac{1}{x^2}$ O **E** j: $y = (2x + 1)^2$

2) Zwei der oben angegebenen Funktionen sind gebrochen rational. Welche? Gib ihre Definitionsmenge an!

____

3) Eine der Funktionen ist linear. Zeichne sie in dein Heft!

140 Kreuze die beiden richtigen Aussagen über quadratische Funktionen der Form $f(x) = a \cdot x^2 + b \cdot x + c$ (mit $a \neq 0$) an!

O **A** Der Graph jeder quadratischen Funktion schneidet die x-Achse.

O **B** Der Graph jeder quadratischen Funktion schneidet die y-Achse.

O **C** Der Graph jeder quadratischen Funktion ist eine Gerade.

O **D** Der Graph jeder quadratischen Funktion ist eine Parabel.

O **E** Der Graph einer quadratischen Funktion heißt Hyperbel.

Merkenswertes

Wähle zum Füllen der Lücken aus den rechts und unten stehenden Möglichkeiten die passenden aus! Die Zahlen ergeben in der Reihenfolge der Lücken verbunden ein Lösungsbild!

A Funktion: Term, Tabelle, Graph

Eine ______ ist eine eindeutige Zuordnung zwischen zwei Mengen. ______ Wert x der einen Menge wird genau ein Wert y der anderen Menge ______. Funktionen können dargestellt bzw. beschrieben werden durch eine Zuodnungs-______, ein ______ bzw. einen Funktionsgraphen oder durch eine Funktionsgleichung bzw. einen ______.

$y = f(x)$ heißt ______, wobei $f(x)$ der Funktionsterm, x die unabhängige Variable und y die ______ Variable ist. In einem Koordinatensystem wird die unabhängige Variable x auf der ______ Achse (der x-Achse) aufgetragen und die abhängige Variable y auf der ______ Achse (der y-Achse). Meist ______ man die einzelnen Punkte durch eine „glatte“ Kurve.

abhängige	4
Diagramm	19
Funktion	15
Funktionsgleichung	12
Funktionsterm	6
Jedem	5
senkrechten	2
Tabelle	9
verbindet	10
waagrechten	16
zugeordnet	22

B Lineare Funktion

Eine Funktion f heißt ______, wenn die Funktionsgleichung durch $f(x) = k \cdot x + d$ mit den zwei beliebigen Werten $k, d \in \mathbb{R}$ gegeben ist. Der Graph einer linearen Funktion ist immer eine ______. Den Wert k nennt man ______ der Geraden.

Eine Funktion mit der Funktionsgleichung $f(x) = k \cdot x$ heißt (direkt) ______ Funktion. Ihr Graph ist eine Gerade durch den ______ des Koordinatensystems. Eine Funktion mit der Funktionsgleichung $f(x) = k \cdot x + d$ $(d \neq 0)$ heißt ______ lineare Funktion. Ihr Graph geht nicht durch den Koordinatenursprung.

allgemein	24
linear	27
Gerade	13
proportionale	25
Steigung	18
Ursprung	11

C Beispiele nicht linearer Funktionen

Eine Funktion f heißt ______, wenn die Funktionsgleichung durch $f(x) = a \cdot x^2 + b \cdot x + c$ mit drei ______ Werten $a, b, c \in \mathbb{R}$ und $a \neq 0$ gegeben ist. Der Graph einer quadratischen Funktion ist eine ______. Steht bei einem Funktionsterm $f(x)$ die unabhängige Variable auch im ______, so spricht man von einer **rationalen Funktion**. Dabei darf der Nenner nicht ______ werden. Den Graph einer rationalen Funktion nennt man ______.

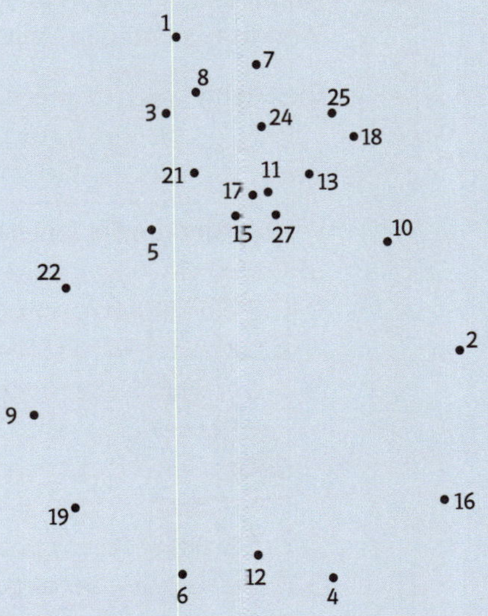

beliebigen	1	Hyperbel	8	Nenner	21
null	17	Parabel	3	quadratisch	7

1 Eine lineare Gleichung mit zwei Variablen

141 Welche der angegebenen Zahlenpaare sind Lösungen der linearen Gleichung mit zwei Variablen? Ordne jeder Gleichung mindestens ein entsprechendes Zahlenpaar zu!

1) $4x + 3y = -15$ ______ 3) $-0{,}4x + 0{,}3y = -1$ ______ 5) $5x - 0{,}6y = 6$ ______

2) $-4x + 3y = 9$ ______ 4) $5x - 2y = 20$ ______ 6) $3x - 7y = 17$ ______

A (0|−10) B (1|−2) C (3|7) D (−3|−1) E (2|−5) F (1,2|0)

Schreibe den Text von Aufgabe 142–146 jeweils in Form einer linearen Gleichung mit zwei Variablen! Gib alle Lösungen der Textaufgabe an! Beachte, dass für die Variablen nur natürliche Zahlen möglich sind!

142 Auf einer Sportwoche werden Jugendliche in Drei- und in Vierbettzimmern untergebracht. Insgesamt nehmen 84 Jugendliche an der Sportwoche teil. Wie viele Drei- bzw. Vierbettzimmer können dies sein?

Gleichung: ______

Lösungen: ______

143 Im Speisesaal gibt es Tische für 6 und Tische für 10 Personen. Wie viele Tische für 6 und wie viele Tische für 10 Personen müssen für die 84 Jugendlichen und die 6 Begleitpersonen zur Verfügung stehen?

Gleichung: ______

Lösungen: ______

144 Für den Abschlussbewerb der Sportwoche werden Preise zu 8 € und 12 € gekauft. Insgesamt stehen 280 € für Preise zur Verfügung. Wie viele Preise zu 8 € bzw. zu 12 € gibt es?

Gleichung: ______

Lösungen: ______

145 Der Leiter der Sportwoche hat für den Abschlussabend Getränke eingekauft: Soda Zitrone in Flaschen zu 1,5 Liter und Apfelsaft in Packungen zu 2 Liter. Insgesamt hat er 32 Liter Getränke besorgt. Wie viele Flaschen Soda Zitrone und wie viele Apfelsaftpackungen hat er gekauft?

Gleichung: ______

Lösungen: ______

146 Für eine Geburtstagsparty während der Sportwoche sind 24 € für Knabbereien vorgesehen. Wie viele Packungen Chips zu je 2 € und wie viele Packungen Salzsticks zu je 1 € kann man kaufen?

Gleichung: ______

Lösungen: ______

147 Vervollständige die Tabelle für die gegebene Gleichung!

a) $y = 3x - 1$

x	y
0	
	2
2	

b) $2x + y = 0$

x	y
−3	
	0
7	

c) $-1{,}5x - y = 3$

x	y
0	
	1
2	

1 Eine lineare Gleichung mit zwei Variablen
2 Systeme zweier linearer Gleichungen mit zwei Variablen

148 Gib fünf reelle – darunter mindestens drei ganzzahlige – Zahlenpaare an, die die lineare Gleichung lösen! Gib einen zur Gleichung passenden Text an und stelle die Gleichung graphisch dar!

a) $2x + y = 6$

Lösungen:

Text: ______________________

____

____

b) $2x + 4y = 14$

Lösungen:

Text: ______________________

____

____

149 Welcher Graph gehört zu welcher linearen Gleichung mit zwei Variablen? Forme gegebenenfalls die Gleichung in die Form $y = kx + d$ um und schreibe die Namen der Funktionsterme $f_1, f_2 \dots f_6$ zu den zugehörigen Geraden!

f_1: $2x + y = 2$

f_2: $x - 3y = 3$

f_3: $3x + 2y = -4$

f_4: $2x - y = -2$

f_5: $y = -2$

f_6: $x + y = 0$

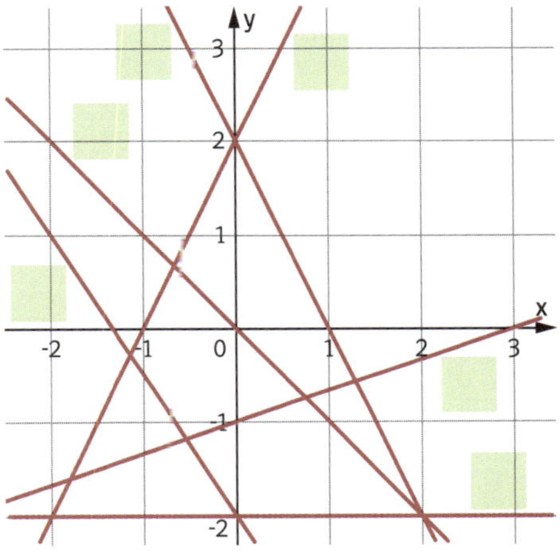

150 Ermittle graphisch die Lösung des gegebenen Gleichungssystem! Zeichne beide Geraden in das rechts stehende Koordinatensystem! Führe die Probe durch Einsetzen in beide Gleichungen durch!

a) I: $x + y = 9$

II: $y = 2x - 3$ Lösung: A = ( )

Probe: I: $\square + \square = 9$

II: $\square = 2 \cdot \square - 3$

b) I: $y = 2x - 3$

II: $x + 3y = 5$ Lösung: B = ( )

Probe: I: $\square = 2 \cdot \square - 3$

II: $\square + 3 \cdot \square = 5$

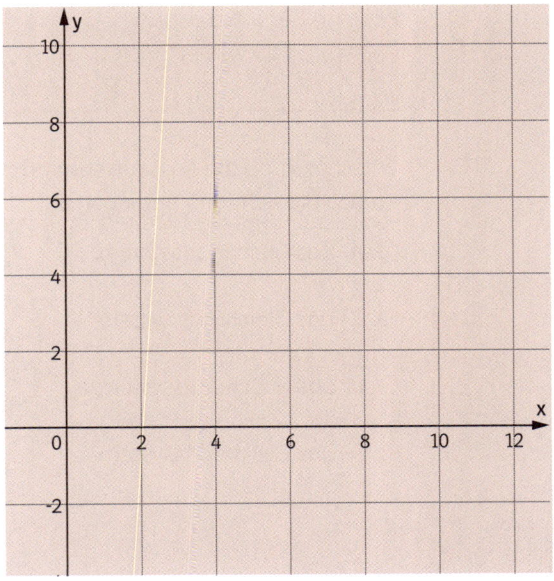

151 Ermittle die Lösung des Gleichungssystems durch Schneiden zweier Geraden!
Führe anschließend die Probe durch!

a) I: $x+3y=5$
II: $x+y=9$

Lösung: ______

Probe: I: ___ $+3\cdot$ ___ $=5$

II: ___ $+$ ___ $=9$

b) I: $x+y=9$
II: $-3x+5y=-15$

Lösung: ______

Probe: I: ___ $+$ ___ $=9$

II: -3 ___ $+5\cdot$ ___ $=-15$

c) I: $x+3y=5$
II: $-3x+5y=-15$

Lösung: ______

Probe: I: ___ $+3\cdot$ ___ $=5$

II: $-3.$ ___ $+5\cdot$ ___ $=-15$

152 Hat das Gleichungssystem eine, keine oder unendlich viele Lösungen?
Ordne dem Gleichungssystem den richtigen Lösungsfall ohne zu rechnen!
Forme die Gleichungen auf die Form $ax+by=c$ um, damit du die Parameter gut vergleichen kannst!

1) I: $y=x-4$
II: $x-y=8$

I: ___ $x+$ ___ $y=$ ___
II: ___ $x+$ ___ $y=$ ___

2) I: $x+4y=-4$
II: $8y=-2x-8$

I: ___ $x+$ ___ $y=$ ___
II: ___ $x+$ ___ $y=$ ___

3) I: $x-5=y$
II: $y+3x=2$

I: ___ $x+$ ___ $y=$ ___
II: ___ $x+$ ___ $y=$ ___

4) I: $9+3y=-2x$
II: $y+\frac{2}{3}x-4=0$

I: ___ $x+$ ___ $y=$ ___
II: ___ $x+$ ___ $y=$ ___

eine Lösung ___	keine Lösungen ___	unendlich viele Lösungen ___

153 Gib zur gegebenen Gleichung eine zweite Gleichung
so an, dass das Gleichungssystem
ein Lösungspaar,
kein Lösungspaar,
unendlich viele Lösungspaare hat!

	Gleichung	ein Lösungspaar	kein Lösungspaar	unendlich viele Lösungspaare
a)	$3x-y=5$			
b)	$x-y=0$			
c)	$y=1{,}5x+2$			
d)	$5y-3x=7$			
e)	$x=y$			
f)	$x=5$			
g)	$y=-3$			

154 Entscheide, ob die Aussage stimmt!
Kreuze die richtigen Aussagen an!

- ○ **A** Das Gleichungssystem I: $x+y=2$, II: $x-4y=2$ hat genau eine Lösung.
- ○ **B** Das Gleichungssystem I: $x+y=62$, II: $x-4y=-43$ hat genau zwei Lösungen.
- ○ **C** Das Gleichungssystem I: $x+y=62$, II: $x+y=-43$ hat keine Lösung.
- ○ **D** Das Gleichungssystem I: $x+y=2$, II: $x-4y=2$ hat keine Lösung.

155 Löse mit Hilfe des Einsetzungsverfahren! Führe die Probe durch!

Hinweis: Du kannst auch für Terme einsetzen, zB bei b) für 2b.

a) I: $5x + y = 22$

II: $y = -2x + 10$

$5x +$ ______ $= 22$

______

$x =$ ______ $y =$ ______

Probe: I: ______

II: ______

c) I: $5a + 2b = 16$

II: $2b = -a + 4$

$5a +$ ______ $= 16$

______

$a =$ ______ $b =$ ______

Probe: I: ______

II: ______

b) I: $3c + 5d = 21$

II: $d = 3c - 3$

______ $= 21$

______

$c =$ ______ $d =$ ______

Probe: I: ______

II: ______

d) I: $u + 2v = 7$

II: $u = v + 4$

______ $= 7$

______

$u =$ ______ $v =$ ______

Probe: I: ______

II: ______

156 Löse mit Hilfe des Gleichsetzungsverfahrens! Führe die Probe durch!

a) I: $x = 11 - 3y$

II: $x = -2y + 9$

______ $=$ ______

______

x ______ $y =$ ______

Probe: I: ______

II: ______

d) I: $3a = -4b - 5$

II: $3a = -7b - 11$

______ $=$ ______

______

$a =$ ______ $b =$ ______

Probe: I: ______

II: ______

b) I: $c = 2d + 8$

II: $c = 5d + 17$

______ $=$ ______

______

$c =$ ______ $d =$ ______

Probe: I: ______

II: ______

e) I: $v = -6u + 31$

II: $v = -3u + 16$

______ $=$ ______

______

$u =$ ______ $v =$ ______

Probe: I: ______

II: ______

c) I: $s = -t - 2$

II: $s = 3t + 2$

______ $=$ ______

______

$s =$ ______ $t =$ ______

Probe: I: ______

II: ______

f) I: $r = 2q + 2$

II: $-r = 4q - 8$

______ $=$ ______

______

$q =$ ______ $r =$ ______

Probe: I: ______

II: ______

157 Löse mit Hilfe des Additionsverfahren! Führe die Probe durch!

a) I: $4x + y = 14$
II: $5x + 2y = 19$

$(-2) \cdot$ I: $-8x$ ___ = ___
II: $5x + 2y = 19$ } +

$-3x$ = ___

x = ___, y = ___

Probe: I: ___
II: ___

b) I: $2c + 3d = 5$
II: $5c - 2d = -16$

c = ___, d = ___

Probe: I: ___
II: ___

c) I: $x - y = 1$
II: $-x + y = 2$

L = ___

Probe: I: ___
II: ___

d) I: $7a + 2b = 22$
II: $3a + 4b = 11$

$(-2) \cdot$ I: $-14a$ ___ = ___
II: $3a + 4b = 11$ } +

___ = ___

a = ___, b = ___

Probe: I: ___
II: ___

e) I: $10u + 5v = 2\frac{1}{2}$
II: $7u - 2v = \frac{1}{10}$

u = ___, v = ___

Probe: I: ___
II: ___

f) I: $-x + 4y = -2$
II: $x - 4y = 2$

L = ___

Probe: I: ___
II: ___

158 Ermittle die Lösungsmenge des gegebenen Gleichungssystems auf einem Blatt Papier! Wähle selbst ein geeignetes Lösungsverfahren und führe die Probe durch!

a) I: $5x + 6y = -4$
II: $\frac{x}{2} + \frac{y}{4} = 1$
L = { }

b) I: $2 - \frac{2x}{9} = \frac{9y+7}{12}$
II: $\frac{2x}{5} + \frac{3}{10} = \frac{y}{2} + 1$
L = { }

c) I: $\frac{y}{3} - \frac{x}{2} = 1$
II: $\frac{8y-3}{6} = x - \frac{3}{2}$
L = { }

d) I: $\frac{8y-x-2}{5} = \frac{2x+52}{10}$
II: $\frac{x-4}{2} = \frac{y-11}{7}$
L = { }

e) I: $(2a-3)(3b+4) = (6a-2)b + 26$
II: $(4-3a)(b+5) = 3a(1-b) - 42$
L = { }

f) I: $5(c+d) - 4(c-d) = 13$
II: $6(2c+3d) - 7(2c-3d) = 31$
L = { }

159 Ermittle die Lösungsmenge des gegebenen Gleichungssystems! Gib an, welche Bedingungen für die Variablen gelten müssen! Führe die Probe durch!

a) I: $\frac{5x}{x+5} = \frac{5y+6}{y+3}$
II: $\frac{3x}{x-10} = \frac{3y+72}{y+9}$
$x \neq$ ___, $y \neq$ ___
L = { }

b) I: $\frac{x+2}{x-1} = \frac{y}{y-3}$
II: $\frac{24-5x}{x-3} + \frac{5y}{y-5} = 0$
$x \neq$ ___, $y \neq$ ___
L = { }

Das ist Mathematik 4

Arbeitsheft Lösungen

Mathematik macht Spaß
(Seite 4)

1 A

2 1) C 2) A = 172 cm, B = 192 cm, C = 236 cm, D = 216 cm
3)

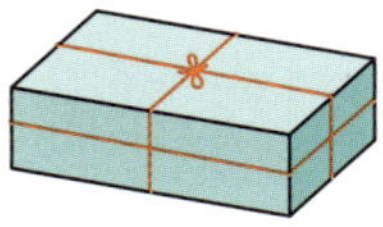

3 C; Zuhörer im Saal: $\frac{1}{170}$ s, Rundfunkhörer: $\frac{1}{300}$ s
Der Rundfunkhörer hört den Redner früher.

4 9 bzw. 15

5

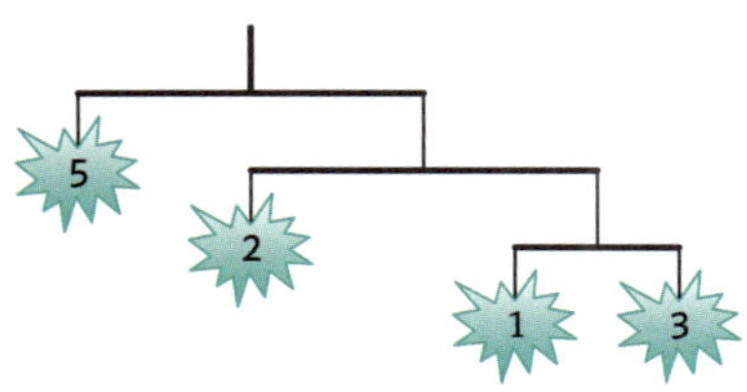

Wiederholung
(Seiten 5–9)

6 A, D, E

7

$-20 = -20$	Dass $-20 = -20$ ist, ist evident.
$25 - 45 = 16 - 36$	-20 wird links durch $25 - 45$, rechts durch $16 - 36$ ersetzt.
$25 - 45 + \left(\frac{9}{2}\right)^2 = 16 - 36 + \left(\frac{9}{2}\right)^2$	Auf beiden Seiten wird $\left(\frac{9}{2}\right)^2$ addiert.
$\left(5 - \frac{9}{2}\right)^2 = \left(4 - \frac{9}{2}\right)^2$	Beide Seiten werden in Potenzform geschrieben.
$5 - \frac{9}{2} = 4 - \frac{9}{2}$	Auf beiden Seiten: Quadratwurzel ziehen. **Keine Äquivalenzumformung**!
$5 = 4$	Auf beiden Seiten der Gleichung $\frac{9}{2}$ addieren.

8 Das Lichtjahr ist keine Zeiteinheit, sondern ein/e Längenmaß/Längeneinheit.

Erde–Himmelskörper	Entfernung		Entfernung im Modell	
	in Lj	in km	in mm	in km
Erde–Proxima Centauri	4,2	$3{,}97 \cdot 10^{13}$	$2{,}65 \cdot 10^{5}$	0,265
Erde–Polarstern	430	$4{,}07 \cdot 10^{15}$	$2{,}71 \cdot 10^{7}$	27,1
Erde–Andromeda-Nebel	$2{,}5 \cdot 10^{6}$	$2{,}35 \cdot 10^{19}$	$1{,}58 \cdot 10^{11}$	158 000

9 Richtig ist Formel **F**. Im abgebildeten rechtwinkligen Dreieck ist h die Hypotenuse und g und f sind die Katheten. Auf Grund des Satzes von Pythagoras gilt daher: $h^2 = f^2 + g^2$. Durch Umformen erhält man $f^2 = h^2 - g^2$ und schließlich $f = \sqrt{h^2 - g^2}$.

10 a) $b \approx 8{,}1$ cm, $h_a \approx 7{,}4$ cm, $h_b \approx 8{,}7$ cm

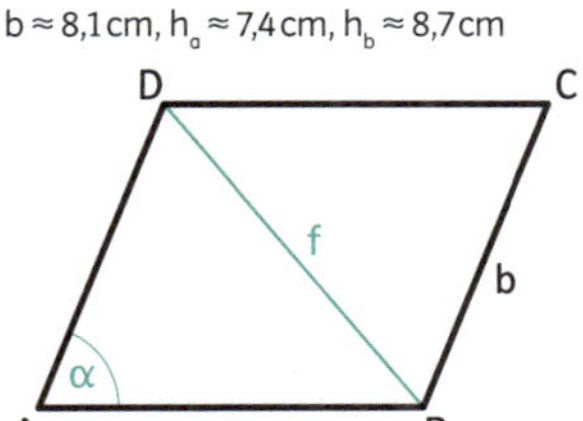

b) $A = a \cdot h_a \rightarrow A \approx 69{,}6\,\text{cm}^2$ $A = b \cdot h_b \rightarrow A \approx 70{,}5\,\text{cm}^2$

11 a) $a \approx 8{,}6$ cm
b) $h_a \approx 6{,}4$ cm $A = \frac{a \cdot h_a}{2} \approx 27{,}52\,\text{cm}^2$
$h_b \approx 8{,}1$ cm $A = \frac{b \cdot h_b}{2} \approx 27{,}135\,\text{cm}^2$
$h_c \approx 6{,}0$ cm $A = \frac{c \cdot h_c}{2} \approx 27{,}3\,\text{cm}^2$
c) Der arithmetische Mittelwert der drei Ergebnisse beträgt $A \approx$ 27,3 cm².

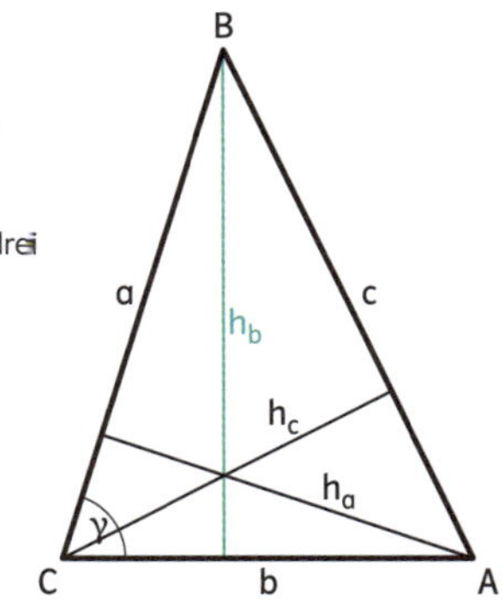

12 eindeutig konstruierbar: A, B, D, E, G, J
nicht eindeutig konstruierbar: C, F, H, I

13 a) Die Raute hat vier gleich lange Seiten. Die Seitenlänge ist daher ein Viertel des Umfangs. Den Flächeninhalt kann man mit „A = Seite mal Höhe“ berechnen. Daher erhält man die Höhe als Quotient aus Flächeninhalt und Seitenlänge.
b) $a = 11$ cm, $h_a = 9$ cm

14 a) $\Delta AEH \sim \Delta BEG \sim \Delta DEF$
b) $\overline{AB} : \overline{DE} = \overline{HG} : \overline{FE}$ $\overline{BD} : \overline{GF} = \overline{DE} : \overline{FE}$
$\overline{DF} : \overline{DE} = \overline{BG} : \overline{BE}$ $\overline{AH} : \overline{BG} = \overline{AE} : \overline{BE}$

15 a) $x = 1{,}5$; Probe: 4 b) $x = 2$; Probe: $\frac{2}{3}$

16 $z = u + \frac{x}{y}$; $x = y(z - u)$; $y = \frac{x}{z - u}$

17 a) 107; b) 211; c) −21; d) −45

18 a) $(2x - y)(16x - 1)$; b) $5a(a - 2b)$; c) $\frac{5s + 2}{s}$

19 1) $a + b < 0$ 2) $a + c < 0$ 3) $c - c < 0$ 4) $c - a > 0$ 5) $a \cdot b > 0$
6) $b \cdot c < 0$ 7) $a : c < 0$

20 1) 20 % von 455 ist 91. 2) 360 sind $133{,}\overline{3}$ % von 270. 3) 144 sind 30 % von 480.

21 $p_{netto} = 0{,}375$ %

Zeitpunkt	Guthabenstand in Euro	Zinsen in Euro
Beginn 2020	2 500	0
Beginn 2021	$2\,500 \cdot 1{,}00375 + 2\,500 = 5\,009{,}38$	9,375
Beginn 2025	$5\,009{,}38 \cdot 1{,}00375^4 = 5\,084{,}94$	84,94

22 a) 1) Quadrat 2) gleichschenkliges Dreieck
b) Sie wurde normal zur Grundkante BC durch die Spitze S geschnitten, es entsteht ein gleichschenkliges Dreieck.

23 Verdoppelt man beide Seitenlängen a und b eines Prismas mit rechteckiger Grundfläche so vervierfacht sich das Volumen.

24 **1)**

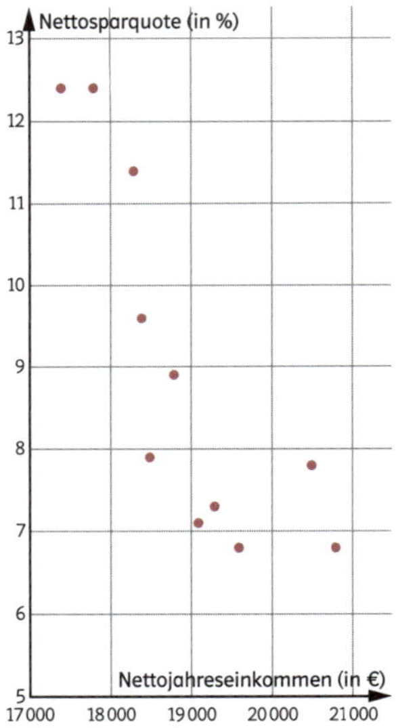

2) Das Einkommen ist gestiegen, trotzdem ist die Sparquote zurückgegangen. Mögliche Gründe: mehr Konsum, geringe Zinsen, Inflation

25 **1)** K = B : E **2)** A, E **3)** 27 884,6 €

BIP pro Kopf in €	Anzahl	Klassenmitte
15 000 ≤ x < 20 000	3	17500
20 000 ≤ x < 25 000	8	22500
25 000 ≤ x < 30 000	5	27500
30 000 ≤ x < 35 000	4	32500
35 000 ≤ x < 40 000	6	37500

4) Das genaue arithmetische Mittel ist höher. Die exakten Werte sind wahrscheinlich eher größer als die Klassenmitten.

26 Das Einkommen ist prinzipiell ein metrischer Wert. Dennoch eignet sich der Median besser, da so die Ausreißer vernachlässigt werden. Das Einkommen einiger weniger Spitzenverdiener verzerrt dann nicht den Durchschnitt. Der Modus eignet sich für nominale Daten besser.

27 **1)**

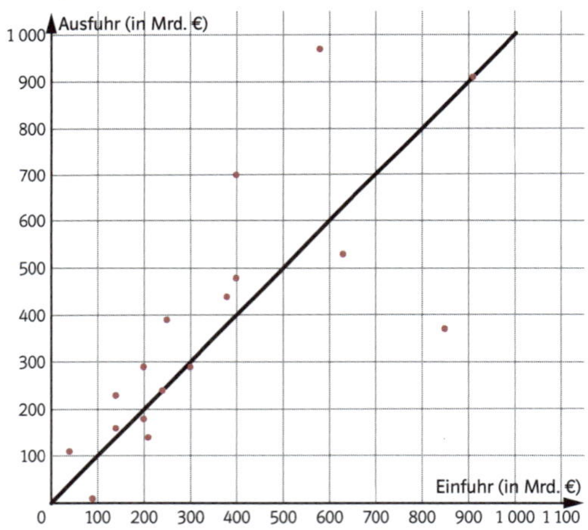

2) Staaten mit größerer Einfuhr haben auch größere Ausfuhr.
3) Die Punkte auf der Linie entsprechen den Staaten mit gleich großer Ein- und Ausfuhr. Punkte oberhalb der Linie bedeuten mehr Ein- als Ausfuhr, umgekehrt bei Punkten unterhalb der Linie.
4) Die Werte von Deutschland sind viel größer als die der restlichen Länder. Man müsste das Koordinatensystem sowohl entlang der x-Achse als auch entlang der y-Achse vergrößern.

Reelle Zahlen

1 Quadratwurzel

(Seiten 10, 11)

28 **a)** $\sqrt{25} = 5$, weil $5^2 = 25$ ist. **b)** $\sqrt{100} = 10$, weil $10^2 = 100$ ist.

29 **a)** 1C, 2A, 3B **b)** 1C, 2A, 3B

30 **1)**

$0{,}2^2 =$	0,04		$0{,}4^2 =$	0,16		$\sqrt{0{,}25} =$	0,5		$\sqrt{9} =$	3
$0{,}02^2 =$	0,0004		$0{,}04^2 =$	0,0016		$\sqrt{0{,}0025} =$	0,05		$\sqrt{0{,}09} =$	0,3

2) Beim Quadrieren verdoppelt sich die Anzahl der Nachkommastellen, beim Wurzelziehen halbiert sie sich.

31

17	16	55	64	99
45	22	44	12	34
66	72	81	7	67
4	5	3	89	9
13	1	27	49	71
2	8	25	38	68

32 **1)**

a)	$\sqrt{48}$	x = 4	y = 12	8	x = 6; y = 8	7	x ≈ 6,86; y = 7	6,93	x ≈ y ≈ 6,93
b)	$\sqrt{36}$	x = 2	y = 18	10	x = 3,6; y = 10	6,8	x ≈ 5,29; y = 6,8	6,045	x ≈ 6,045, y ≈ 5,955

2) **a)** Quadrat

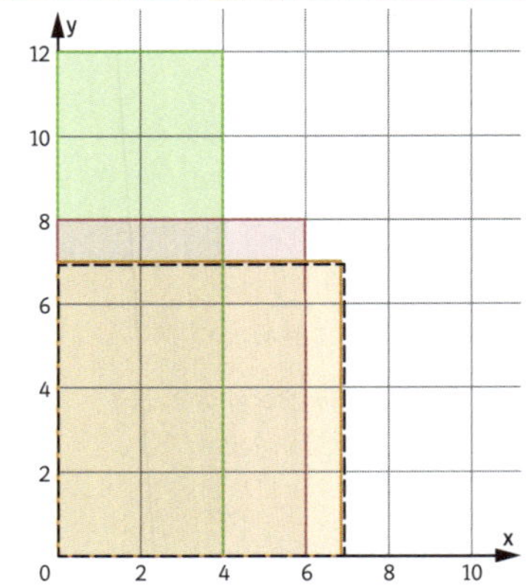

b)

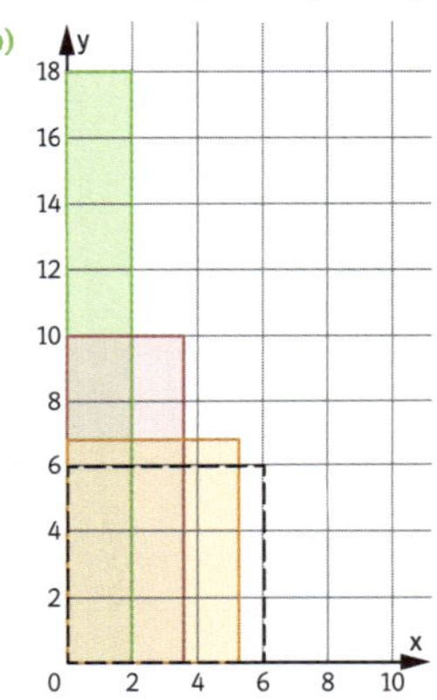

33 **a)** 7,0711 **b)** 31,6228 **c)** 15,8114

34 $A_{Rechteck} = A_{Quadrat} = 196\,cm^2 \rightarrow s = 14\,cm$

35 **a)** $4 < \sqrt{18} < 5$, weil $4^2 = 16$, $5^2 = 25$ **c)** $8 < \sqrt{72} < 9$, weil $8^2 = 64$, $9^2 = 81$
b) $6 < \sqrt{40} < 7$, weil $6^2 = 36$, $7^2 = 49$ **d)** $10 < \sqrt{120} < 11$, weil $10^2 = 100$, $11^2 = 121$

36 **a)** $\sqrt{25} = 5;\ 3 + 4 = 7$ **d)** $\sqrt{169} = 13;\ 12 + 5 = 17$
b) $\sqrt{9} = 3;\ 5 - 4 = 1$ **e)** $\sqrt{64} = 8;\ 10 - 6 = 4$
c) $\sqrt{100} = 10;\ 6 + 8 = 14$ **f)** $\sqrt{256} = 16;\ 20 - 12 = 8$

37 B

38 **1)** 5,656… cm **2)** 6,928… cm **3)** 8 cm

39

Länge der Quadratseite	$4\sqrt{2}$	5	$3\sqrt{2}$	$\sqrt{20}$	10	6	20	$6\sqrt{2}$	$\sqrt{10}$
Länge der Diagonale	8	$5\sqrt{2}$	6	$2\sqrt{10}$	$\sqrt{200}$	$6\sqrt{2}$	$20\sqrt{2}$	12	$2\sqrt{5}$

40 **a)** $\sqrt{4} \cdot \sqrt{100} = 20$ **e)** $\frac{\sqrt{2500}}{\sqrt{10000}} = \frac{\sqrt{1}}{\sqrt{4}} = \frac{1}{2}$
b) $\sqrt{36} \cdot \sqrt{100} = 60$ **f)** $\frac{\sqrt{49}}{\sqrt{900}} = \frac{7}{30}$
c) $\sqrt{16} \cdot \sqrt{10000} = 400$ **g)** $\sqrt{36} \cdot \sqrt{a^2} = 6a$
d) $\sqrt{4} \cdot \sqrt{49} = 14$ **h)** $\sqrt{64} \cdot \sqrt{a^2} \cdot \sqrt{b^2} = 8ab$
i) $\sqrt{25} \cdot \sqrt{x^4} \cdot \sqrt{y^2} = 25xy$

41 a) $\sqrt{4\cdot 2}=2\cdot\sqrt{2}$ b) $\sqrt{9\cdot 3}=3\cdot\sqrt{3}$ c) $\sqrt{16\cdot 2}=4\cdot\sqrt{2}$ d) $\sqrt{9\cdot 5}=3\cdot\sqrt{5}$ e) $\sqrt{25\cdot 2}=5\cdot\sqrt{2}$ f) $\sqrt{36\cdot 2}=6\cdot\sqrt{2}$ g) $\sqrt{49\cdot 2}=7\cdot\sqrt{2}$ h) $\sqrt{36\cdot 3}=6\cdot\sqrt{3}$

42 a) $y\cdot\sqrt{5}$ b) $z\cdot\sqrt{3}$ c) $a^2\cdot\sqrt{10}$ d) $5\cdot\sqrt{b}$ e) $2a\sqrt{2}$ f) $6b\sqrt{a}$ g) $5ab\sqrt{2}$ h) $4a\sqrt{2b}$

2 Kubikwurzel
(Seite 12)

43 a) $\sqrt[3]{64}=4$, weil $4^3=64$ ist. b) $\sqrt[3]{8000}=20$, weil $20^3=8000$ ist.

44 a) $2<\sqrt[3]{20}<3$, weil $2^3=8$, $3^3=27$
b) $4<\sqrt[3]{100}<5$, weil $4^3=64$, $5^3=125$
c) $5<\sqrt[3]{200}<6$, weil $5^3=125$, $6^3=216$
d) $7<\sqrt[3]{400}<8$, weil $7^3=343$, $8^3=512$

45 a) $\sqrt[3]{8}=2$; $\sqrt[3]{0{,}8}\approx 0{,}93$; $\sqrt[3]{0{,}08}\approx 0{,}43$; $\sqrt[3]{0{,}008}=0{,}2$
b) $\sqrt[3]{125}=5$; $\sqrt[3]{12{,}5}\approx 2{,}32$; $\sqrt[3]{1{,}25}\approx 1{,}08$; $\sqrt[3]{0{,}125}=0{,}5$
c) $\sqrt[3]{64}=4$; $\sqrt[3]{640}\approx 8{,}62$; $\sqrt[3]{6400}\approx 18{,}57$; $\sqrt[3]{64\,000}=40$
d) $\sqrt[3]{2{,}7}\approx 1{,}39$; $\sqrt[3]{0{,}27}\approx 0{,}65$; $\sqrt[3]{0{,}027}=0{,}3$; $\sqrt[3]{0{,}0027}\approx 0{,}14$
Endliche Dezimalzahlen erhält man beim 1000-fachen bzw. bei einem Tausendstel von Kubikzahlen.

46 1) D
2) berechnet: $V=\frac{m}{\varrho}=\frac{153{,}6}{300}\,m^3=0{,}512\,m^3=512\,dm^3 \rightarrow s=\sqrt[3]{512}\,dm=8\,dm$

3 Reelle Zahlen und Zahlenbereiche
(Seiten 12, 13)

47 C

48 a)

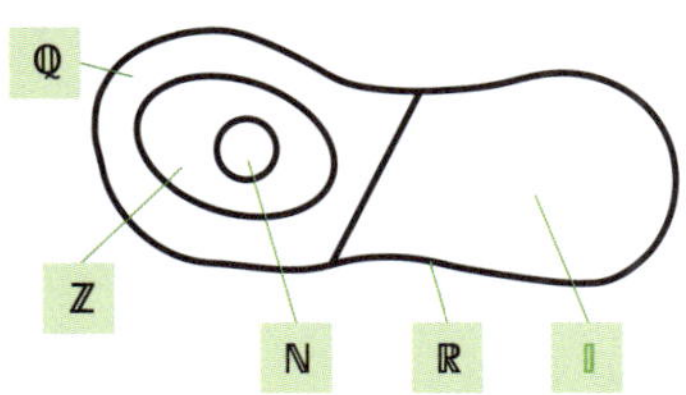

b) Rationale Zahlen lassen sich im Gegensatz zu den irrationalen Zahlen in Bruchform schreiben. Rationale Zahlen sind Dezimalzahlen mit endlich vielen Stellen oder periodische Dezimalzahlen; irrationale Zahlen sind Dezimalzahlen mit unendlich vielen Stellen ohne Periode.

49

Zahl	ℕ	ℤ	ℚ	ℝ	𝕀
$\sqrt[3]{64}$	X	X	X	X	
$2{,}5\cdot 10^5$	X	X	X	X	
π				X	X
13	X	X	X	X	
0,143143…			X	X	
1,010010001…				X	X
$-2{,}5\cdot 10^1$		X	X	X	
$\sqrt{27}$				X	X
20 %			X	X	

50 richtig: **A, C, D, F, H, I, L, M, N**; falsch: **B, E, G, J, K, O, P, Q, R**
Lösungstext: IM*PRATER*BLUEHEN*WIEDER*DIE*BAEUME!

4 Intervalle
(Seite 14)

51 a) [−4; 2)

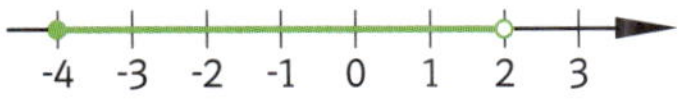

b) (−1; 4)

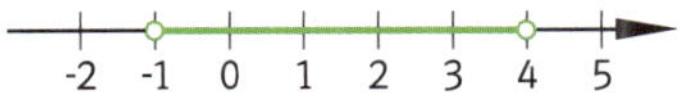

c) [−3; 3]

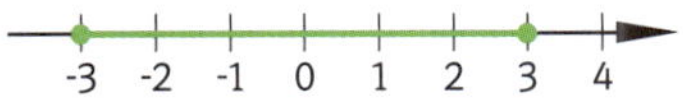

52 a) [−10; 10], $-10\le x\le 10$ b) (−3; 5], $-3<x\le 5{,}5$

53 a) $0\le x\le 3$ b) $y\le 1$ c) $z\ge 5$

5 Darstellung von Quadratwurzeln
(Seite 14)

54 a) $12=16-4$ b) $13=9+4$ c) $21=25-4$ d) $29=25+4$ e) $34=25+9$ f) $35=36-1$ g) $48=49-1$ h) $68=64+4$

55 a) ZB: $\sqrt{4+1}$ b) ZB: $\sqrt{9+9}$

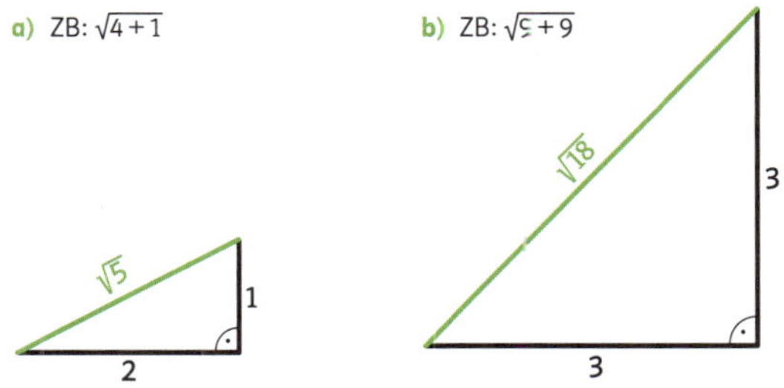

56 a)

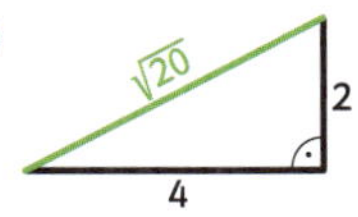

$20=16+4$
$\sqrt{20}\approx 4{,}472$

b)

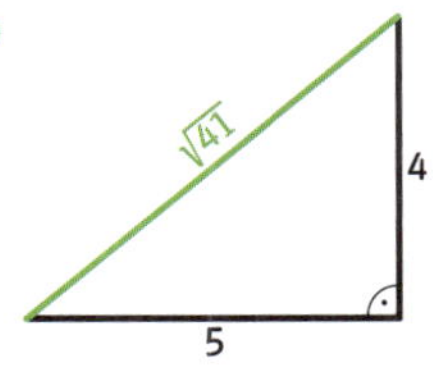

$41=25+16$
$\sqrt{41}\approx 6{,}403$

c)

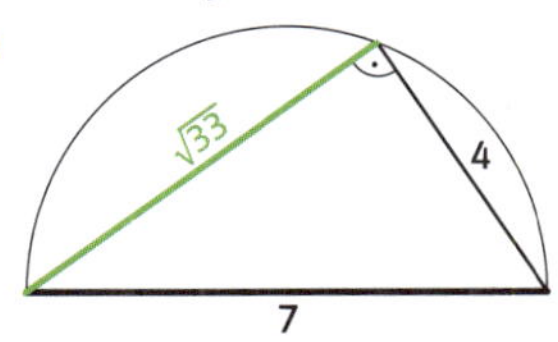

$33=49-16$
$\sqrt{33}\approx 5{,}745$

Merkenswertes
(Seite 15)

A Reelle Zahlen
Die Menge der rationalen Zahlen ℚ und die Menge der irrationalen Zahlen 𝕀 ergeben zusammen die Menge der reellen Zahlen ℝ. Zu den irrationalen Zahlen zählen viele Wurzeln, wie $\sqrt{2}$, $\sqrt{3}$, $\sqrt[3]{2}$,… aber auch die Zahl π und unendliche, nicht periodische Dezimalzahlen, wie 0,010011000111… . Rationale Zahlen lassen sich in Bruchform schreiben, irrationale nicht. Irrationale Zahlen sind unendliche, nicht periodische Dezimalzahlen. Die ganzen Zahlen ℤ sind eine Teilmenge der rationalen Zahlen ℚ; die natürlichen Zahlen ℕ sind eine Teilmenge der ganzen Zahlen ℤ.
Im Bereich der rationalen Zahlen ℚ lassen sich alle Rechenoperationen durchführen, mit Ausnahme der Division durch Null. Für das Rechnen mit reellen Zahlen gelten die gleichen Rechenregeln wie für das Rechnen mit rationalen Zahlen.

B Quadratwurzel
Für nicht negative Zahlen ist das (Quadrat-)Wurzelziehen die Umkehrung des Quadrierens. Die Zahl $x\ge 0$ heißt Quadratwurzel einer Zahl $a\ge 0$, wenn $x^2=a$ ist. Die Quadratwurzel aus a ist nur dann sinnvoll, wenn a größer oder gleich null ist. Eine Zahl heißt Quadratzahl, wenn sie das Quadrat einer natürlichen Zahl ist. Oft können Radikanden als Summe oder als Differenz von Quadratzahlen geschrieben werden. Damit lassen sich irrationale Zahlen als Streckenlängen konstruktiv ermitteln und als Punkte auf der Zahlengeraden darstellen. Mit den irrationalen Zahlen ist die Zahlengerade vollständig gefüllt.

C Kubikwurzel
Das Berechnen von Kubikwurzeln heißt Kubikwurzelziehen. Eine Zahl heißt Kubikzahl, wenn sie die 3. Potenz einer natürlichen Zahl ist.

Lösungstext: Man lernt Mathematik nicht, man gewöhnt sich nur daran. (Paul Erdős, ungarischer Mathematiker)

B Terme

1 Eigenschaften von Termen
(Seiten 16–19)

57

	Streichhölzer
1. Figur	3
2. Figur	$3+2=5$
3. Figur	$3+2\cdot 2=7$
4. Figur	$3+3\cdot 2=9$
5. Figur	$3+4\cdot 2=11$
6. Figur	$3+5\cdot 2=13$
50. Figur	$1+49\cdot 2=99$
n-te Figur	$3+(n-1)\,2=1+2n$

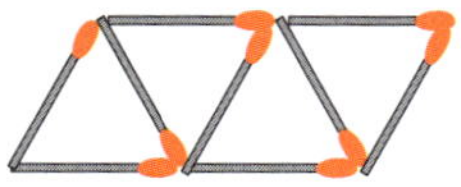

Zu einem „Anfangsstreichholz“ legt sie in jeder Figur zwei dazu.

58 **1)** **a)** 300 **b)** 150 **c)** 30 **d)** 15 **e)** 273 **f)** 1500 **g)** 20 **h)** −3
2) **a)** 4 **b)** −10 **c)** 24 **d)** −18 **e)** 1 **f)** 3 **g)** 52 **h)** 32,3
3) **a)** 12,2 **b)** 2,3 **c)** 19,9 **d)** −5,7 **e)** 42 **f)** −0,9 **g)** 4,0 **h)** 0,3

12	21,1	−18	20	900	2,3	7
24	15	1	4	450	17,7	−3
30	3	1500	52	90	19	−5,7
14	16	300	−10	150	19,9	0,3
6	2	2,3	4,0	12,2	−0,9	273
7,7	1,3	32,3	400	14,2	8,6	42

59 **a)** $4x+3x$; **b)** $5x-7x$; **c)** $(2x+3x)\cdot 3$; **d)** $\frac{x}{17}-\frac{x}{2}$

60 **a)** Zum Dreifachen einer Zahl wird das Sechsfache der Zahl addiert.
b) Zum Doppelten einer Zahl wird eine andere Zahl addiert.
c) Die Summe zweier Zahlen wird verdreifacht.
d) Man verdreifacht die Differenz aus dem Doppelten einer Zahl und einer anderen Zahl.

61 **a)** 34b Zeichen auf einer Seite; **b)** 34ab Zeichen im Buch

62 **a)** $V=a^3+a^2b$; **b)** $V=3abc+2ab^2$

63 1. Zeile: $(x+4)+4x+(4x+5)=9x+9$
2. Zeile: $(6x+4)+(3x+3)+2=9x+9$
3. Zeile: $(2x+1)+(2x+6)+(5x+2)=9x+9$
1. Spalte: $(x+4)+(6x+4)+(2x+1)=9x+9$
2. Spalte: $4x+(3x+3)+(2x+6)=9x+9$
3. Spalte: $(4x+5)+2+(5x+2)=9x+9$
1. Diagonale: $(x+4)+(3x+3)+(5x+2)=9x+9$
2. Diagonale: $(2x+1)+(3x+3)+(4x+5)=9x+9$

64 **a)**

x + y	x − y − z	x + z
x − y + z	x	x + y − z
x − z	x + y + z	x − y

b)

a	a − 5	a + 2
a + 1	a − 1	a − 3
a − 4	a + 3	a − 2

65 **a)** $7x^2-[5x-(9x+11x^2)]+5x^2=$
$7x^2-(5x-9x-11x^2)+5x^2=$
$7x^2-(-4x-11x^2)+5x^2=$
$23x^2+4x$

b) $(7y-3y^2)\cdot(-2y)+15y^2-y^3=$
$-14y^2+6y^3+15y^2-y^3=$
$5y^3+1y^2$

c) $g^3-2\cdot(g^2+g^3)-5\cdot 3g^2=$
$g^3-(2g^2+2g^3)-15g^2=$
$g^3-2g^2-2g^3-15g^2=$
$-g^3-17g^2$

d) $4f^2\cdot(3f-7)+4f^3-9f^2+2f^3=$
$12f^3-28f^2+6f^3-9f^2=$
$18f^3-37f^2$

66 **a)** $\frac{3x^2-5x}{6}-\frac{11x^2+2x}{9}=$ (kgV(6, 9) = 18)
$\frac{3\cdot(3x^2-5x)-2\cdot(11x^2+2x)}{18}=$
$\frac{9x^2-15x-22x^2-4x}{18}=\frac{-13x^2-19x}{18}$

b) $\frac{7x-8x^2}{12}+\frac{6x-x^2}{18}=$ (kgV(12, 18) = 36)
$\frac{3\cdot(7x-8x^2)+2\cdot(6x-x^2)}{36}=$
$\frac{21x-24x^2+12x-2x^2}{36}=\frac{-26x^2+33x}{36}$

67

		☼	◆	♥	●
1)	(2x + ☼)² = ◆ + 28xy + ♥	7y L	4x² R	49y² T	
2)	(☼ − ◆)² = 9x⁴ − ♥ + y⁴	3x² H	y² I	6x²y²	
3)	(☼ + 13y)² = ◆ + 78xy + ♥	3x D	9x² N	169y² E	
4)	(2x + ☼)³ = ◆ + ♥ + ● + y³	y E	8x³ D	12x²y S	6xy² E
5)	(☼ + ◆)(☼ − 10y) = 25x² − ♥	5x E	10y E	100y² G	
6)	(☼ + 5x)² = ◆ + 70x + ♥	7 N	49 O	25x² ,	
7)	(6x² − ☼)² = ◆ − 48x² + ♥	4 M	36x⁴ A	16 S	
8)	(9x + ☼)(◆ − ☼) = ♥ − 9y²	3y N	9x N	81x² N	
9)	(☼ − ◆)³ = x³ − 15x² + ♥ − ●	x L	5 A	75x K	125 L
10)	(9x² + ☼)² = ◆ + 108x²y² + ♥	6y² H	81x⁴ C	36y⁴ T	
11)	(6x² − ☼)(◆ + 5y²) = 36x⁴ − ♥	5y² C	6x² E	25y⁴ H	

Lösungstext: MAN SOLL DENKEN LEHREN, NICHT GEDACHTES! (Cornelius Gurlitt)

68 **a)** $(a-9)^2$; **b)** $(b+1{,}5)^2$; **c)** $\left(2y-\frac{1}{2}\right)^2$; **d)** $(2x+3y)^2$; **e)** $\left(3u-\frac{1}{6}v\right)^2$; **f)** $(0{,}4s+5t)^2$

69 **a)** $5x(x+2y)$
b) $2a^2(4a+3b)$
c) $xy(4x+3y)$
d) $12(a-3b+7c)$
e) $y(6x+3y-5y^2)$
f) $3ab(3-2ab)$
g) $4x(x^2-2)$
h) $7a^2(2a+3)$
i) $a(x-y+9)$
j) $x(ax^3+bx^2+c)$

70 **a)** $5ab-2a+25b^2-10b$ Probe (zB: a = 1, b = 2): 88
b) $-6x^2+14xy-8y^2$ Probe (zB: x = 1, y = 2): -6

71 **a)** $(4x-7y)(4x+7y)$
b) $\left(\frac{2}{3}u-3w\right)\left(\frac{2}{3}u+3w\right)$
c) $(12a-10b)(12a+10b)$
d) $\left(\frac{e}{2}-\frac{4f}{5}\right)\left(\frac{e}{2}+\frac{4f}{5}\right)$

72 **a)**

3xy	y²
9x²	3xy

$(3x+y)^2=9x^2+6xy+y^2$

b)

6ab	9a²
4b²	6ab

$(3a+2b)^2=9a^2+12ab+4b^2$

c)

4r²	10rs
10rs	25s²

$(2r+5s)^2=4r^2+20rs+25s^2$

73

Term	Summe	Differenz	Produkt	Quotient
$5y-\frac{10x}{3}$	○	⊗	○	○
$5\left(y-\frac{2x}{3}\right)$	○	○	⊗	○
$\frac{10x}{3u}$	○	○	○	⊗
$(a+b)(a-b)$	○	○	⊗	○

2 Bruchterme
(Seiten 19, 20, 21)

74 **a)** $\frac{3}{5a^2}$; $a\neq 0$
b) $\frac{8x}{7y}$; $x\neq 0, y\neq 0$
c) $\frac{z}{3}$; $z\neq 0$
d) $\frac{1}{13s}$; $s\neq 0$
e) $\frac{1}{4}$; $u\neq 0$
f) $\frac{w}{7v}$; $v\neq 0, w\neq 0$

75 **b)** $2x-7\neq 0 \rightarrow x\neq 3{,}5$ **1)** $x\neq 3{,}5$;
2) Term für alle reellen Zahlen $x\neq 3{,}5$ definiert. $D=\mathbb{R}\setminus\{3{,}5\}$
c) $8+5x\neq 0 \rightarrow x\neq -1{,}6$ **1)** $x\neq -1{,}6$;
2) Term für alle reellen Zahlen $x\neq -1{,}6$ definiert. $D=\mathbb{R}\setminus\{-1{,}6\}$

76 **a)** $\frac{4(2x-y)}{16x}=\frac{2x-y}{4x}$; $x\neq 0$
b) $\frac{2(3u-2u)}{112v}=\frac{3u-2v}{56v}$; $v\neq 0$
c) $\frac{(2x-y)(2x+y)}{3(2x+y)}=\frac{2x-y}{3}$; $x\neq -\frac{y}{2}, y\neq -2x$
d) $\frac{3(y-5)(y+5)}{4(y-5)}=\frac{3(y+5)}{4}$; $y\neq 5$
e) $\frac{2z(z-4)(z+4)}{6z(z+4)}=\frac{z-4}{3}$; $z\neq 0, -4$
f) $\frac{2ab(3a-5b)}{30ab}=\frac{3a-5b}{15}$; $a\neq 0, b\neq 0$
g) $\frac{6s(2s-3t)}{3st}=\frac{2(2s-3t)}{t}$; $s\neq 0, t\neq 0$

77 Fehler: Paul hat beide Faktoren des Zählers durch 4 dividiert; richtiges Ergebnis: $\frac{6(x^2-2y)}{x}$

78 **a)** $\frac{x+5}{x-5}=\frac{(x+5)^2}{(x-5)\cdot(x+5)}=\frac{x^2+10x+25}{x^2-25}$ **b)** $\frac{2x-1}{x+5}=\frac{(2x-1)(x+5)}{(x+5)\cdot(x+5)}=\frac{2x^2+9x-5}{x^2+10x+25}$

79 **a)**

$\frac{88x^2-12x}{4x^2-1}$

$\frac{52x^2-6x}{4x^2-1}$ | $\frac{36x^2-6x}{4x^2-1}$

$\frac{30x^2-x}{4x^2-1}$ | $\frac{22x^2-5x}{4x^2-1}$ | $\frac{14x^2-x}{4x^2-1}$

$\frac{7x}{2x-1}$ | $\frac{8x}{2x+1}$ | $\frac{3x}{2x-1}$ | $\frac{4x}{2x+1}$

b)

$\frac{36a+4b}{a^2-b^2}$

$\frac{18a-2b}{a^2-b^2}$ | $\frac{18a+6b}{a^2-b^2}$

$\frac{11a-3b}{a^2-b^2}$ | $\frac{7a+b}{a^2-b^2}$ | $\frac{11a+5b}{a^2-b^2}$

$\frac{7}{a+b}$ | $\frac{4}{a-b}$ | $\frac{3}{a+b}$ | $\frac{8}{a-b}$

80 $\frac{1}{u^2+3u}-\frac{2}{u^2-9}-\frac{1}{u^2-3u}=\frac{u-3-2\cdot u-(u+3)}{u\cdot(u-3)\cdot(u+3)}=\frac{-2u-6}{u\cdot(u-3)\cdot(u+3)}$
$u\neq 0, u\neq 3$ und $u\neq -3$

81 **a)** $\frac{x^2+xy-xy+y^2}{4xy}=\frac{x^2+y^2}{4xy}$; $x\neq 0, y\neq 0$
b) $\frac{5z-15-4+4z}{3(2z-3)}=\frac{9z-19}{3(2z-3)}$; $z\neq\frac{3}{2}$
c) $\frac{5u-8-18u+30}{7(2-u)}=\frac{-13u+22}{7(2-u)}$; $u\neq 2$
d) $\frac{x-1-x}{x(x-1)}=\frac{-1}{x(x-1)}$; $x\neq 0; 1$
e) $\frac{9a-16a+12a}{3\cdot 4(a-1)}=\frac{5a}{12(a-1)}$; $a\neq 1$
f) $\frac{9z^2+24-9z^2+15z-4}{3(3z-4)(3z+4)}=\frac{5(3z+4)}{3(3z-4)(3z+4)}=\frac{5}{3(3z-4)}$; $z\neq\frac{4}{3}, -\frac{4}{3}$

82 **a)** $\frac{-3xy}{2}$; $x\neq 0, y\neq 0$
b) $\frac{(y-1)(y-3)}{3}$; $y\neq -1, -3$
c) $\frac{x^2-25}{2x^2}$; $x\neq 0; -5$
d) $\frac{1}{4z}$; $z\neq 0, v\neq 0$
e) $\frac{4(z+3)}{(z-3)(z-2)}$; $z\neq 2, 3, -3$
f) $\frac{a^2}{4}-\frac{4}{b^2}$; $b\neq 0$

83 **a)** $\frac{5}{6}$; $a\neq 0$
b) $\frac{5}{14ab}$; $a\neq 0, b\neq 0$
c) $z(1-z)$; $z\neq 0, -1$
d) $27v^2(v-3)$; $v\neq 0, -3$

84 **a)** $\frac{-b(a-b)}{a}$; $a, b\neq 0$; $a\neq\pm b$
b) $\frac{a+2b}{2}$; $a, b\neq 0$; $a\neq 2b$

Merkenswertes
(Seite 21)

A Eigenschaften von Termen

Herausheben und Ausmultiplizieren von Termen sind entgegengesetzte Rechenoperationen. Durch Herausheben bzw. Zerlegen wird aus einer Summe (Differenz) ein Produkt, umgekehrt wird durch Ausmultiplizieren aus dem Produkt eine Summe (Differenz).
Die binomischen Formeln gelten in beide Richtungen.

$(a+b)^2=a^2+2ab+b^2$	$(a-b)(a+b)=a^2-b^2$	$(a+b)^3=a^3+3a^2b+3ab^2+b^3$
$(a-b)^2=a^2-2ab+b^2$		$(a-b)^3=a^3-3a^2b+3ab^2-b^3$

B Bruchterme

Für das Rechnen mit Bruchtermen gelten dieselben Rechenregeln wie für das Rechnen mit Brüchen:
Bruchterme mit gleichem Nenner werden addiert bzw. subtrahiert, indem man die Zähler addiert bzw. subtrahiert und den Nenner gleich lässt. Bruchterme mit verschiedenen Nennern bringt man auf gleichen Nenner.
Bruchterme werden multipliziert, indem man Zähler mit Zähler und Nenner mit Nenner multipliziert.
Sie werden dividiert, indem man den ersten Bruchterm mit dem Kehrwert des zweiten multipliziert. Vor dem Ausmultiplizieren muss man Zähler und Nenner durch Zerlegen bzw. Herausheben und Kürzen vereinfachen.

Lösung: GOTTFRIED WILHELM LEIBNIZ

C Gleichungen, Ungleichungen und Formeln

1 Gleichungen
(Seiten 22, 23)

85 **a)**
$2x-3=\frac{x}{5}+15$ | $+3$
$2x=\frac{x}{5}+18$ | $-\frac{x}{5}$
$\frac{9x}{5}=18$ | $\cdot\frac{5}{9}$
$x=10$ Probe: 17

b)
$7-\frac{y+1}{4}=-y$ | $\cdot 4$
$28-(y+1)=-4y$ | $-27+4y$
$3y=-27$ | $:3$
$y=-9$ Probe: 9

c)
$\frac{x}{4}-\frac{5-2x}{3}+4=\frac{3x}{2}$ | $\cdot 12$
$3x-20+8x+48=18x$ | $-11x$
$28=7x$ | $:7$
$x=4$ Probe: 6

d)
$\frac{y+2}{3}-\frac{y-2}{6}=\frac{9}{2}-\frac{y}{4}$ | $\cdot 12$
$4y+8-2y+4=54-3y$ | $+3y-12$
$5y=42$ | $:5$
$y=8{,}4$ Probe: 2,4

86 1C, 2D, 3A, 4F

87 **a)** $a=-1$; Probe: -46 **c)** $c=1$; Probe: 14
b) $b=2$; Probe: -29 **d)** $d=1$; Probe: 10

88 $3x-13=\frac{x}{3}+11$; $x=9$; ja: Die Zahl lautet 9.

89 $\frac{x-3}{2}=\frac{x}{4}+3{,}25$; $x=19$: ja: Die Zahl lautet 19.

90 $50x-25(18-x)=600$
Felix löste 14 Aufgaben richtig, 4 Aufgaben hatte er falsch.

91 $0{,}45x-6500=0{,}125x$; 1.Preis: 9000 €, 2. Preis: 5000 €,
3. Preis: 3000 €, 4. Preis: 3000 €.

92 $\frac{(c-2)(c-4)}{2}=\frac{c^2}{2}-20$ Seite: 8 cm, Höhe: 8 cm

93 $(h+0{,}5)\cdot 35=h\cdot 24+56$; Höhe des größeren Aquariums: 4 dm = 40 cm,
Höhe des kleineren Aquariums: 3,5 dm = 35 cm

94 $2\cdot A_{Trapez}+2\cdot A_{Dreieck}=150$
$6(x+8+x)+6\cdot 7=150$
$12x+48+42=150$
$12x=60$ $x=5\rightarrow A=13\cdot 7=91\,m^2$

95 **a)** $a\neq 0$; $a=2$; Probe: $\frac{3}{2}$
b) $b\neq 1$; $b=-2$; Probe: -3
c) $x\neq 0$ -4; $x=12$; Probe: $\frac{1}{12}$
d) $y\neq 0, -1, -4$; $y=2$; Probe: $\frac{2}{3}$

96 **a)**

Nenner	gemeinsamer Nenner	Erweiterungsfaktoren
$6x^2-2x=2x(3x-1)$	$2x(3x-1)$	1
$3x-1$		$2x$
x	$x\neq 0, \frac{1}{3}$	$2(3x-1)$

$5x-3-6x^2-10x=-6x^2-4x+2$ Probe: linke Seite: $\frac{-4}{5}$;
$-5x-3=-4x+2$
$-x=5$ rechte Seite: $\frac{-4}{5}$
$x=-5$

b)

Nenner	gemeinsamer Nenner	Erweiterungsfaktoren
$3y-6=3(y-2)$	$6y(y-2)(y+2)$	$2y(y+2)$
$6y^2+12y=6y(y+2)$		$(y-2)$
$3y^2-12=3(y^2-4)=$ $=3(y-2)(y+2)$	$y\neq 0, 2, -2$	$2y$

$\frac{2y(3y-1)(y+2)-(10y+3)(y-2)}{6y(y-2)(y+2)}=\frac{2y(3y^2+7)}{6y(y-2)(y+2)}$
$2y(3y-1)(y+2)-(10y+3)(y-2)=2y(3y^2+7)$
$6y^3+10y^2-4y-10y^2+17y+6=6y^3+14y$ Probe: linke Seite: $\frac{115}{96}$;
$13y+6=14y$ rechte Seite: $\frac{115}{96}$
$y=6$

2 Ungleichungen
(Seiten 24, 25)

97 **a)** $a\geq -2$; $L=\{a\in\mathbb{R}\mid a\geq -2\}$
b) $b>6$; $L=\{b\in\mathbb{R}\mid b>6\}$
c) $c\leq\frac{9}{4}$; $L=\{c\in\mathbb{R}\mid c\leq\frac{9}{4}\}$
d) $d\leq -16$; $L=\{d\in\mathbb{R}\mid d\leq -16\}$
e) $e\leq 10$; $L=\{e\in\mathbb{R}\mid e\leq 10\}$
f) $f>4{,}5$; $L=\{f\in\mathbb{R}\mid f>4{,}5\}$

98 **a)** $L=\{x\in\mathbb{R}\mid x<17\}$
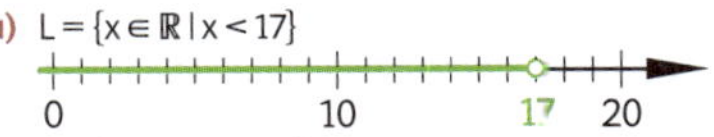

zB: $x=15$: $78<80$ w. A.
$x=20$: $108<105$ f. A.

b) $L=\{y\in\mathbb{R}\mid y>-\frac{1}{3}\}$
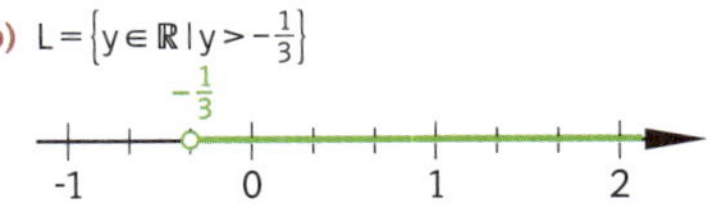

zB: $y=0$: $1<9$ w. A.
$y=-1$: $17<1$ f. A.

c) $L=\{z\in\mathbb{R}\mid z>-\frac{1}{7}\}$
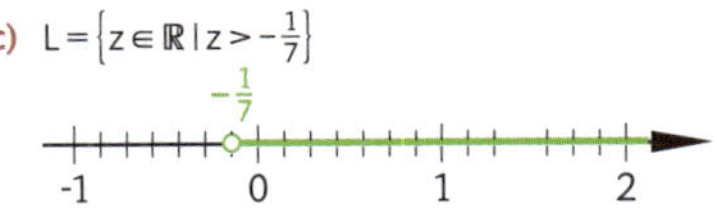

zB: $z=0$: $5<6$ w. A.
$z=-1$: $15<9$ f. A.

d) $L=\{x\in\mathbb{R}\mid x<2{,}25\}$
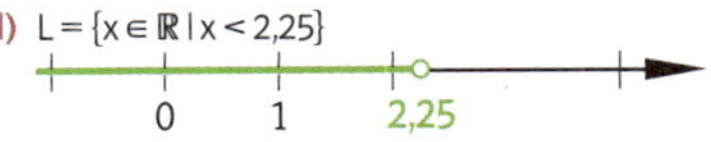

zB: $x=2$: $\frac{3}{4}<\frac{5}{6}$ w. A.
$x=3$: $\frac{5}{4}<1$ f. A.

99 ZB: $2x>3x-4$; $L=\{x\in\mathbb{R}\mid x<4\}$; Die Zahl ist kleiner als 4.

100 ZB: $\frac{x}{3}+10>2x-1$; $L=\{x\in\mathbb{R}\mid x<6{,}6\}$; Die Zahl ist kleiner als 6,6.

101 ZB: $1{,}2+0{,}12x<3{,}7$; $L=\{x\in\mathbb{R}\mid x<20{,}84\}$; höchstens 20 Balken

102 ZB: $9\cdot 0{,}15x\geq 35$; $L=\{x\in\mathbb{R}\mid x\geq 25{,}93\}$; mindestens 26 Bücher

103 ZB: **a)** $150+1{,}28x\leq 220$; $L=\{x\in\mathbb{R}\mid x\leq 54{,}7\}$ **a)** höchstens 54 Liter.
b) $110+0{,}4x\leq 220$; $L=\{x\in\mathbb{R}\mid x\leq 275\}$ **b)** höchstens 275 kWh

104 A2; B4; C5; D8

105 Samira hat in der 2. Äquivalenzumformung das Ungleichheitszeichen bei der Subtraktion umgedreht. Dies erfolgt **nur** bei Multiplikation bzw. Division mit einer negativen Zahl – sonst nicht!

3 Formeln
(Seiten 25, 26)

106 a) $x=10p$; Probe: $36p$ c) $x=-2a$; Probe: $10a$
b) $x=2q$; Probe: $15q$ d) $x=b$; Probe: $3b$

107 Zu H passt keine der vier Formeln.
I: E Die Länge des Rechtecks ist $(x+z)$, die Breite y.
II: F Die eine Seite des Rechtecks ist $(a+b)$, die andere $(c+d)$.
III: G Die Länge des Rechtecks ist $(q+r+s)$, die Breite p.
IV: F Die eine Seite des Rechtecks ist $(f+g)$, die andere $(e+h)$.

108 a) Höhe im gleichseitigen Dreieck; $a=\frac{2h}{\sqrt{3}}$
b) Berechnung der Schenkellänge a im gleichschenkligen Dreieck;
$h=\sqrt{a^2-\left(\frac{c}{2}\right)^2}$; $c=2\cdot\sqrt{a^2-h^2}$
c) Volumen der quadratischen Pyramide: $h=\frac{3V}{a^2}$; $a=\sqrt{\frac{3V}{h}}$

109 a) $x=ab-2{,}5$ b) $x=\sqrt{\frac{5}{3}b-\frac{a}{6}}$ c) $x=\frac{1}{6ab}$

110 1) $t=\sqrt{\frac{h-h_0}{-5}}=\sqrt{\frac{h_0-h}{5}}$ $(h_0>h)$ 2) nach ca. 1,34 Sekunden

111 1) $10\,m=3\frac{m\,v^2}{r}$
Die Masse m fällt bei Division weg. Unabhängig von der Masse ist der Auslenkwinkel bei allen Personen gleich.
2) $v=\sqrt{\frac{10\,r}{3}}\approx 4\,m/s$ bzw. 14,7 km/h

Merkenswertes
(Seite 26)

A Gleichungen und Ungleichungen
Wenn wir eine Gleichung lösen, suchen wir für die Unbekannte jene Zahl, die die Gleichung erfüllt. „Eine Ungleichung in ℝ lösen" heißt, für die Variable jene reellen Zahlen zu ermitteln, die die Ungleichung erfüllen.
Die lineare Gleichung $ax+b=c$ hat für $a\neq 0$ genau eine Lösung, die zugehörige lineare Ungleichung $ax+b<c$ hat unendlich viele Lösungen. Bei Ungleichungen spricht man von einer Lösungsmenge L mit im Allgemeinen mehr als einem Element.
Die Unbekannte in Gleichungen und der Bereich für die Variable in Ungleichungen mit einer Unbekannten kann durch sinnvolles Probieren, durch Rückgängigmachen der Rechenoperationen oder durch Äquivalenzumformungen ermittelt werden. Beachte aber: Beim Multiplizieren einer Ungleichung mit einer negativen Zahl bzw. beim Dividieren durch eine negative Zahl muss das Ungleichheitszeichen „umgedreht" werden.

B Formeln
Durch Umformen von Formeln kann man eine Variable (zB x) durch die anderen Variablen ausdrücken. Diese Variable wird dann explizit ausgedrückt. Bei der Berechnung von x werden dann die anderen Variablen als konstante Zahlen betrachtet.

Lösungstext: „Nicht alles, was gezählt werden kann, zählt." (Albert Einstein)

D Funktionen
1 Einführung von Funktionen
(Seite 27)

112 a) Es handelt sich um eine Funktion, zB: f(Wurst) = 2,50 €, oder f(Hühnerfleisch) = 3,10 €
b) Es handelt sich nicht um eine Funktion, weil zB Flora zwei Hobbys hat.
c) Es handelt sich um eine Funktion, zB: h(Flora) = 3. November oder h(Phillip) = 21. Dezember

113 f(Nachname) = Vorname
f(Mahler) = Gustav
f(Vivaldi) = Antonio
f(Bach) = Johann Sebastian
f(Strauss) = Richard
f(Mozart) = Wolfgang Amadeus

114 a) Es handelt sich um eine Funktion, weil jedem x-Wert ein y-Wert zugeordnet ist!
b) Es handelt sich nicht um eine Funktion, weil dem x-Wert 1 die y-Werte 0 und 7 zugeordnet sind.
c) Es handelt sich um eine Funktion, weil jedem x-Wert ein y-Wert zugeordnet ist!
d) Es handelt sich nicht um eine Funktion, weil dem x-Wert 0 kein y-Wert zugeordnet ist.

115 1) Abbildungen B und C zeigen den Graph einer Funktion.
2) **A** und **D** sind keine Funktionsgraphen, weil es x-Werte gibt, denen mehrere y-Werte zugeordnet sind.

2 Darstellungsarten von Funktionen
(Seiten 28, 29, 30)

116 a)

x	−2	−1	0	1	2	3
f(x)	2	2,5	3	3,5	4	4,5

b)

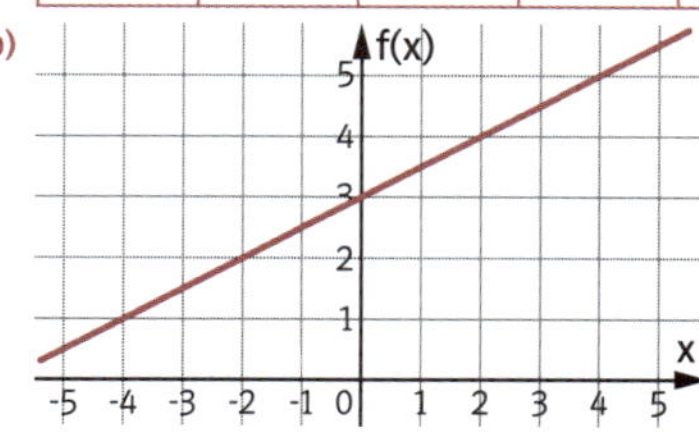

ZB: A = (−4 | 1), B = (−3 | 1,5), C = (4 | 5)

c)

x	−2	−1	0	1	2	3	4	5	6
f(x)	1	2	2	0	−0,5	−1	0,5	2	5
g(x)	4	4	3	2	2	2	3	4	5

117

t	0	2	5	6	12	15	20
g(t)	1200	1000	800	800	600	400	0

zB: Carla legt in den ersten beiden Minuten einen Weg von 200 m zurück. Für die nächsten 200 m braucht sie 3 Minuten. Nach einer einminütigen Wartezeit an einer Kreuzung braucht sie für die folgenden 200 m 6 Minuten. Nun eilt sie in 8 Minuten zur 600 Meter entfernten Schule.

118 B, E

119 ZB

	−10	−5	0	3	7
a)	−32	−17	−2	7	19
b)	21	11	1	−5	−13
c)	98	23	−2	7	47
d)	−199	−49	1	−17	−97

120 1-A, 2-C, 3-B

121 a) 1C, 2A, 3CD, 4B, 5D, 6ABC, 7B, 8A
b) Das ist nicht möglich, weil die Regentonne bereits um 23:00 Uhr voll ist.

122 Der Aufzug steht 4 Sekunden lang im 3. Stockwerk. Dann fährt er in 2 s aufwärts in den 4. Stock, wo er 1 s lang steht. Anschließend fährt er mit der gleichen Geschwindigkeit wie vorher ohne stehen zu bleiben 4 s lang aufwärts in den 6. Stock. Dort steht er 5 s lang, um danach 8 s lang abwärts in den 1. Stock zu fahren. Im 1. Stock steht er dann.

123 1)

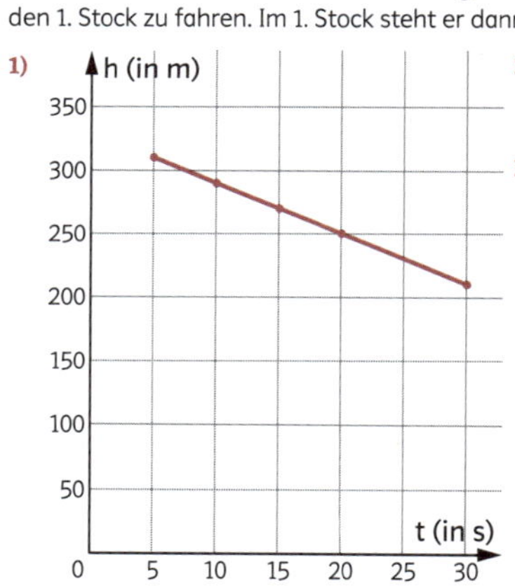

2) In 5 s sinkt der Fallschirm um 20 m.
$h(t)=330-4t$
3) Der Fallschirmspringer erreicht nach ca. 57 s eine Höhe von 100 m.

124 a) ZB

x	$f_1(x)$	$f_2(x)$	$f_3(x)$	$g_1(x)$	$g_2(x)$	$g_3(x)$
−5	−2,5	−7,5	7,5	−3	−7	7
−3	−1,5	−4,5	4,5	−1	−5	5
−2	−1	−3	3	0	−4	4
−1	−0,5	−1,5	1,5	1	−3	3
0	0	0	0	2	−2	2
1	0,5	1,5	−1,5	3	−1	1
2	1	3	−3	4	0	0
5	2,5	7,5	−7,5	7	3	−3

b)

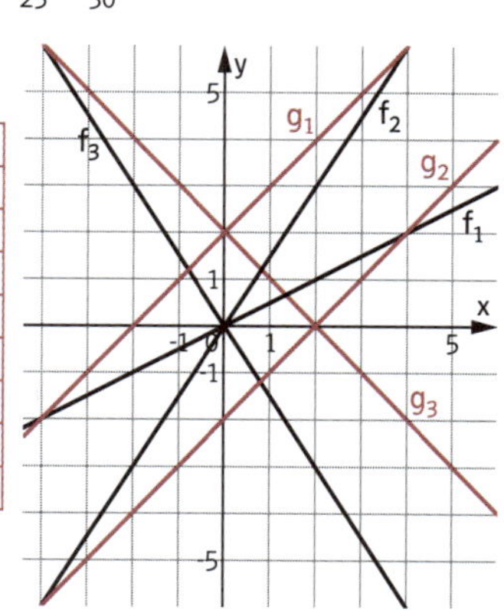

3 Lineare Funktionen
(Seiten 31, 32)

125 **1)** geht durch den Ursprung: f_2, f_4
2) fallende Gerade: f_3; $k = -1{,}5$; $\alpha \approx -56°$

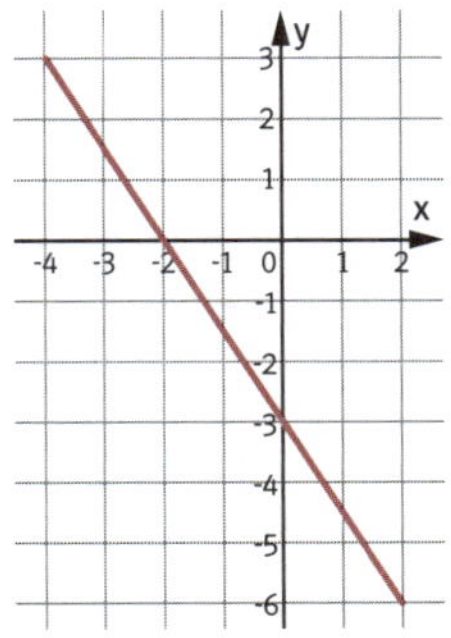

126 $k = 0{,}5$; $y = 0{,}5x$

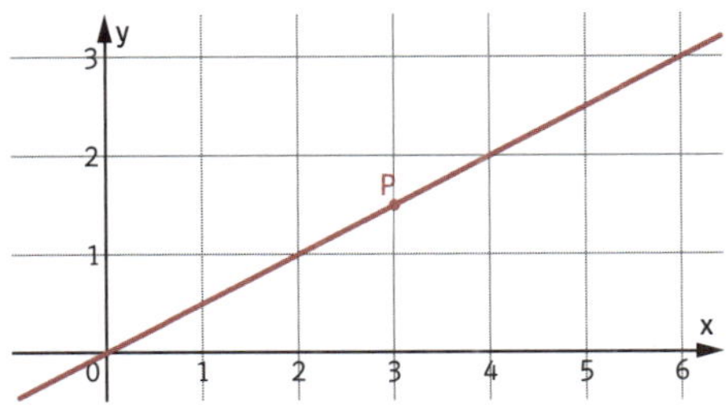

127

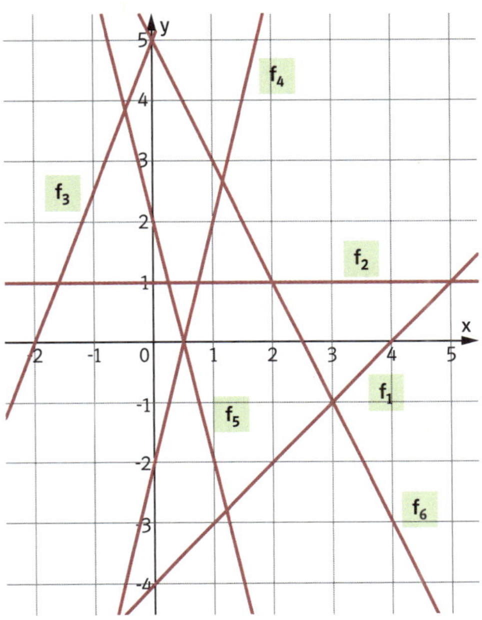

f_1: Steigung 1, $P_1 = (0|-4)$
f_2: Paralelle zur x-Achse im Abstand 1
f_3: Steigung 2,5, $P_3 = (0|5)$
f_4: Steigung 4, $P_4 = (0|-2)$
f_5: Steigung −4, $P_5 = (0|2)$
f_6: Steigung −2, $P_6 = (0|5)$

128 **a)** $y = 1{,}5x + 3$
b) $y = 3x - 4$

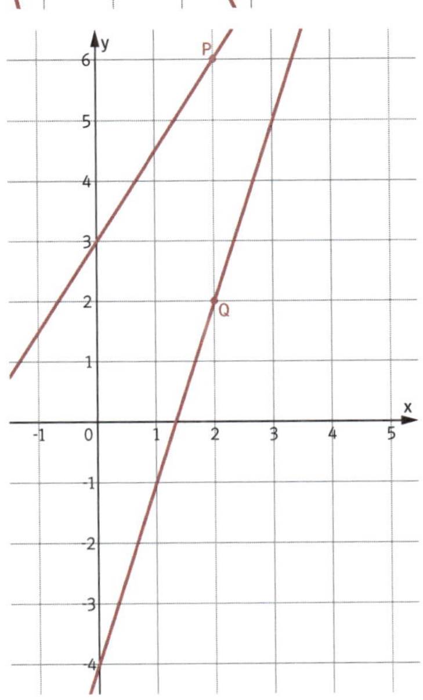

129 richtig: **B**, **C**

130 **a)** **1)** $h_1(t) = 20 - 2{,}5t$; $h_2(t) = 15 - 1{,}5t$
2) nach 5 Stunden
3) nach 2 Stunden
b) Laura hat Recht. Die Parallelität zeigt, dass die Kerzen gleich schnell abbrennen, dh., dass sie dieselbe Dicke haben. Die unterschiedlichen Abschnitte auf der y-Achse zeigen, dass die Kerzen verschieden lang waren.

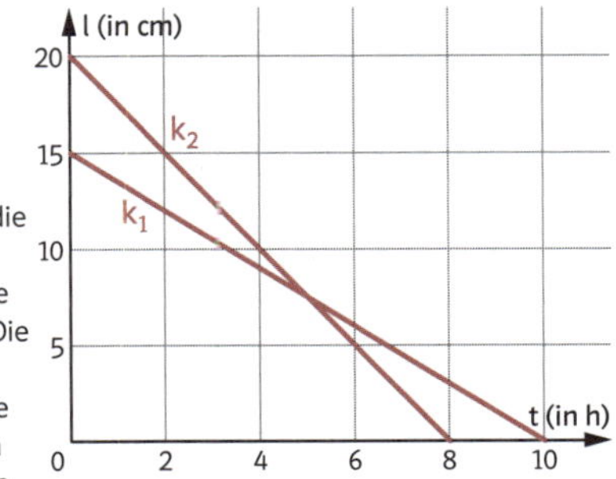

131 **a)** 195 €, 300 €
b) $K_1(x) = 75 + 0{,}20x$, $K_2(x) = 0{,}50x$
c)
d) mindestens 250 km

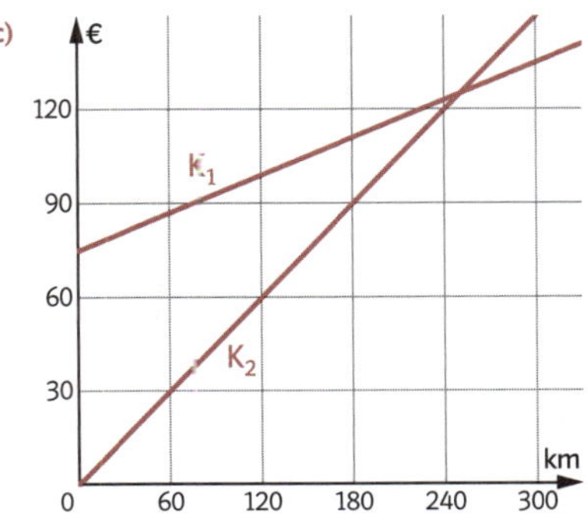

132 **a)** $f(x) = 75 - 0{,}25x$
b) Nach 5 min befindet sich der gesamte Sand in der unteren Hälfte.
c) Sandra müsste 90 mm³ Sand in die Sanduhr füllen, damit sie 6 Minuten misst.

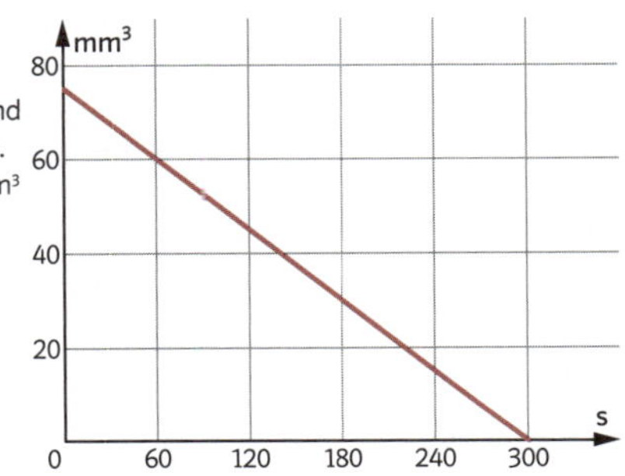

4 Weitere Funktionstypen
(Seiten 33, 34)

133 **a)**

x	$f_1(x)$	$f_2(x)$	$f_3(x)$
−3	10	7	−8
−2	5	2	−3
−1	2	−1	0
0	1	−2	1
1	2	−1	0
2	5	2	−3
3	10	7	−8

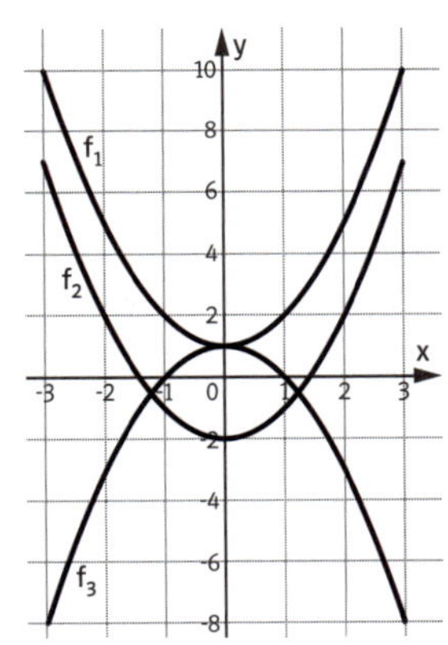

b)

x	$f_1(x)$	$f_2(x)$	$f_3(x)$
−2	9	16	1
−1	4	9	0
0	1	4	1
1	0	1	4
2	1	0	9
3	4	1	16

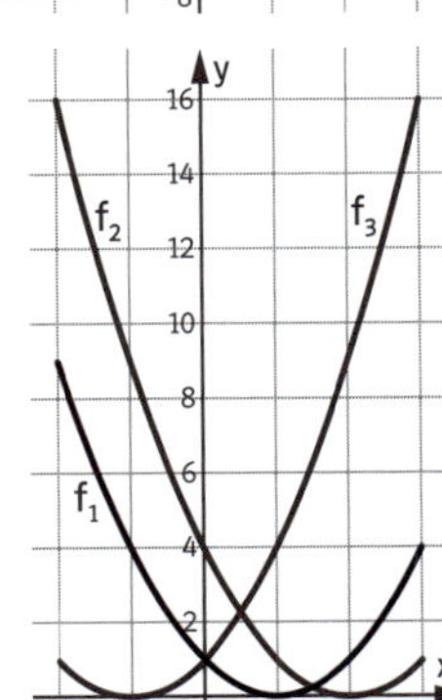

Alle Graphen sind Parabeln.

134 **1)** $x \neq 2$; **2)** gebrochen rationale Funktion; f: $y = \frac{1}{x}$

x	f(x)
−1	−0,33
0	−0,50
1	−1
1,5	−2
1,8	−5
2,3	5
2,5	2
3	1
4	0,5
5	0,33

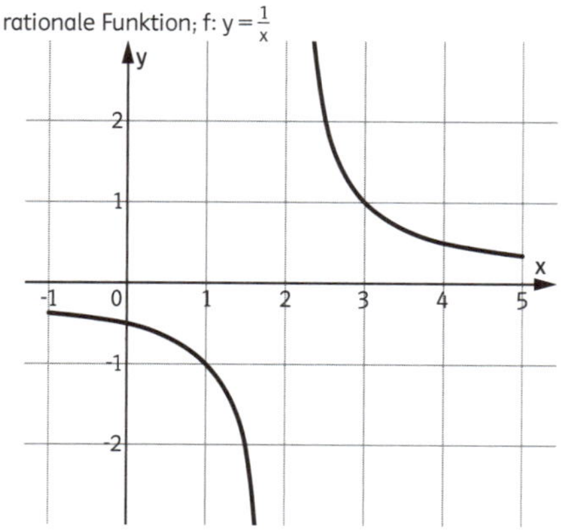

135 **1)** **2)** $b = \frac{12}{l}$

l	b
0,5	24
1	12
2	6
3	4
4	3
5	2,4
6	2
8	1,5
12	1

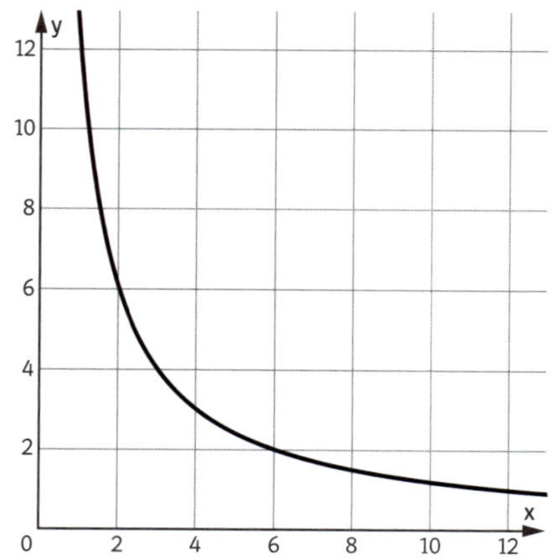

136

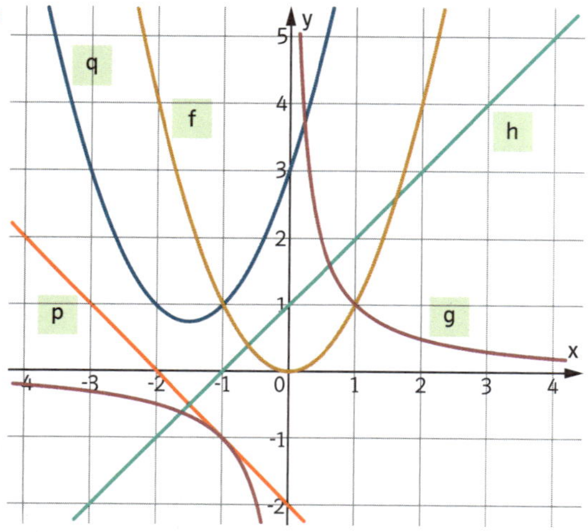

137 Der Graph einer rationalen Funktion $f(x) = \frac{a}{x}$ ($a \in \mathbb{R}\setminus\{0\}$) geht niemals durch den Ursprung.

138 1D, 2A, 3F, 4C

139 **1)** B, E **2)** A: $\mathbb{D} = \mathbb{R}\setminus\left\{\frac{1}{5}\right\}$, D: $\mathbb{D} = \mathbb{R}\setminus\{0\}$

3) C ist linear mit $k = \frac{1}{2}$ und $d = 0$

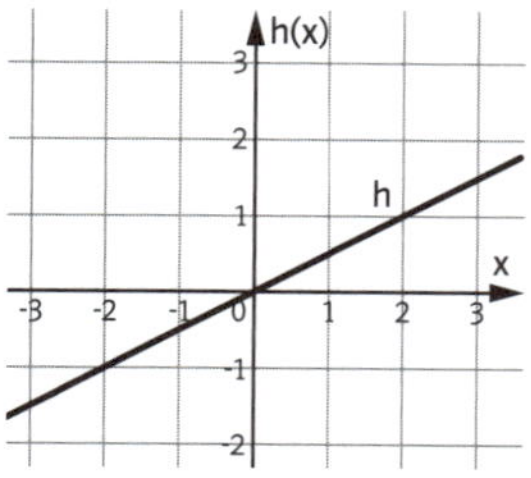

140 B, D

Merkenswertes
(Seite 35)

A Funktion: Term, Tabelle Graph

Eine Funktion ist eine eindeutige Zuordnung zwischen zwei Mengen. Jedem Wert x der einen Menge wird genau ein Wert y der anderen Menge zugeordnet. Funktionen können dargestellt bzw. beschrieben werden durch eine (Zuordnungs-)Tabelle, ein Diagramm bzw. einen Funktionsgraphen oder durch eine Funktionsgleichung bzw. einen Funktionsterm.

$y = f(x)$ heißt Funktionsgleichung, wobei f(x) der Funktionsterm, x die unabhängige Variable und y die abhängige Variable ist. In einem Koordinatensystem wird die unabhängige Variable x auf der waagrechten Achse (der x-Achse) aufgetragen und die abhängige Variable y auf der senkrechten Achse (der y-Achse). Meist verbindet man die einzelnen Punkte durch eine „glatte" Kurve.

B Lineare Funktion

Eine Funktion f heißt linear, wenn die Funktionsgleichung durch $f(x) = k \cdot x + d$ mit den zwei beliebigen Werten $k, d \in \mathbb{R}$ gegeben ist. Der Graph einer linearen Funktion ist immer eine Gerade. Den Wert k nennt man Steigung der Geraden. Eine Funktion mit der Funktionsgleichung $f(x) = k \cdot x$ heißt (direkt) proportionale Funktion. Ihr Graph ist eine Gerade durch den Ursprung des Koordinatensystems. Eine Funktion mit der Funktionsgleichung $f(x) = k \cdot x + d$ ($d \neq 0$) heißt allgemein lineare Funktion. Ihr Graph geht nicht durch den Koordinatenursprung.

C Beispiele nicht linearer Funktionen

Eine Funktion f heißt quadratisch, wenn die Funktionsgleichung durch $f(x) = a \cdot x^2 + b \cdot x + c$ mit drei beliebigen Werten $a, b, c \in \mathbb{R}$ und $a \neq 0$ gegeben ist. Der Graph einer quadratischen Funktion ist eine Parabel. Steht bei einem Funktionsterm f(x) die unabhängige Variable auch im Nenner, so spricht man von einer rationalen Funktion. Dabei darf der Nenner nicht null werden. Den Graph einer rationalen Funktion nennt man Hyperbel.

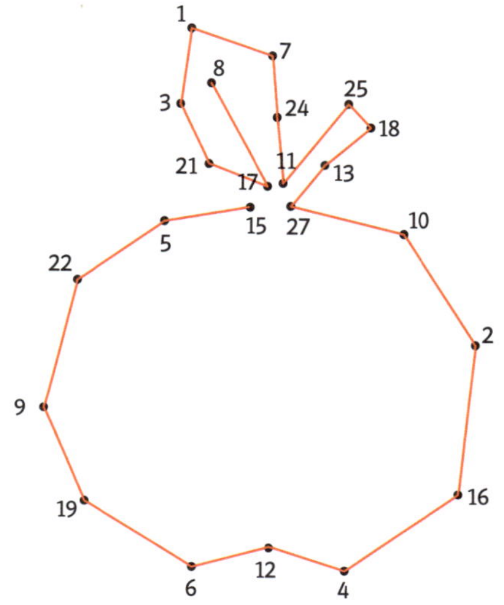

E Lineare Gleichungen mit zwei Variablen

1 Eine lineare Gleichung mit zwei Variablen
(Seiten 36, 37)

141 **1)** $4x + 3y = -15$ **D** **3)** $-0{,}4x + 0{,}3y = -1$ **B** **5)** $5x - 0{,}6y = 6$ **A, F**
2) $-4x + 3y = 9$ **C, D** **4)** $5x - 2y = 20$ **A, E** **6)** $3x - 7y = 17$ **B**

142 Gleichung: $3x + 4y = 84$; L: (0 | 21), (4 | 18), (8 | 15), (12 | 12), (16 | 9), (20 | 6); (24 | 3) (28 | 0)

143 Gleichung: $6x + 10y = 90$; L: (0 | 9), (5 | 6), (10 | 3), (15 | 0)

144 Gleichung: $8x + 12y = 280$; L: (2 | 22), (14 | 14), (26 | 6), (5 | 20), (8 | 18), (11 | 16), (17 | 12), (20 | 10), (23 | 8), (29 | 4), (32 | 2), (35 | 0)

145 Gleichung: $1{,}5x + 2y = 32$; L: (0 | 16), (4 | 13), (8 | 10), (12 | 7), (16 | 4), (20 | 1)

146 Gleichung: $2x + y = 24$; L: (0 | 24), (1 | 22), (3 | 18), (4 | 16), (5 | 14), (6 | 12), (7 | 10), (8 | 8), (9 | 6), (10 | 4), (11 | 2), (12 | 0)

147 **a)**

x	y
0	−1
1	2
2	5

b)

x	y
−3	6
0	0
7	−14

c)

x	y
0	−3
$-\frac{8}{3}$	1
2	−6

148 **a)** L: (0|6), (1|4), (2|2), (3|0), (0,5|5)
ZB Fritz bezahlt mit 1-Euro- und 2-Euro-Münzen einen Betrag von 6 €.

a)
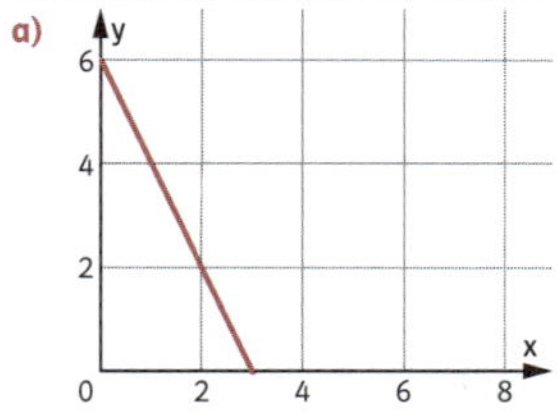

b)
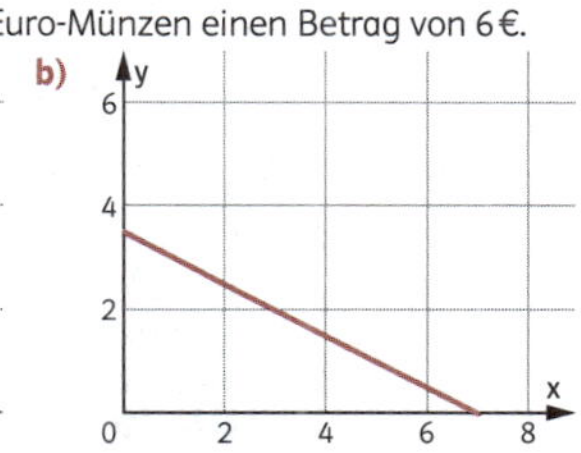

b) L: (1|3), (3|2), (5|1), (7|0), (0|3,5) ZB Leas Haustiere haben zusammen 14 Beine. Sie hält Kaninchen und Wellensittiche.

149
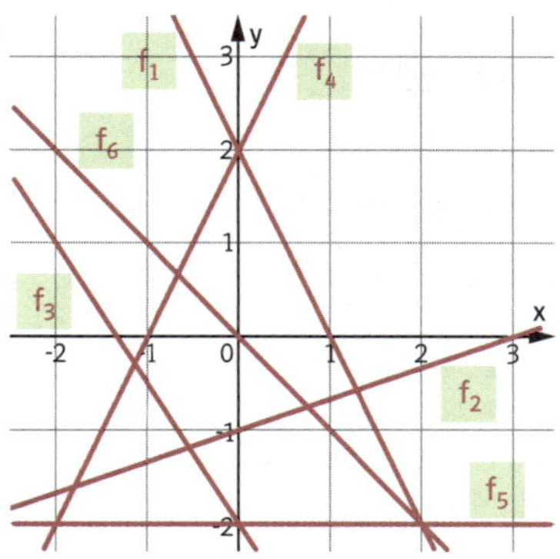

2 Systeme zweier linearer Gleichungen mit zwei Variablen
(Seiten 37–43)

150
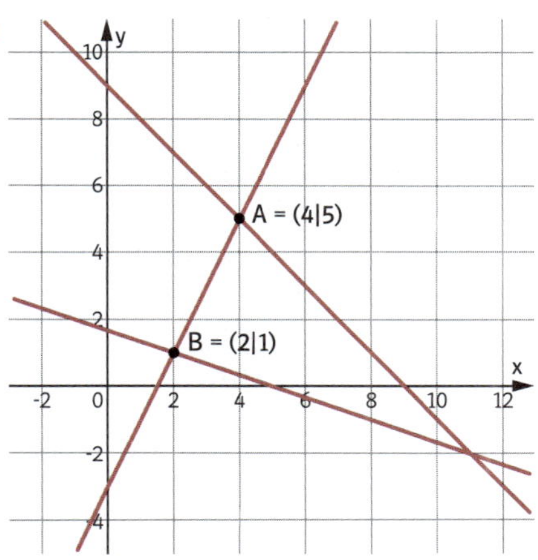

a) A = (4|5) Probe: I. $4+5=8$
II. $5=2\cdot4-3$

b) B = (2|1) Probe: I. $1=2\cdot2-3$
II. $2+3\cdot1=5$

151 **a)** S = (11|–2)
I. $11+3\cdot(-2)=5$
II. $11-2=9$

b) S = (7,5|1,5)
I. $7{,}5+1{,}5=9$
II. $-3\cdot7{,}5+5\cdot1{,}5=-15$

c) S = (5|0)
I. $5+3\cdot0=5$
II. $-3\cdot5+5\cdot0=-15$

152 **1)** keine Lösung; die Geraden sind parallel. I. $-x+y=-4$
II. $-x+y=-8$

2) unendlich viele Lösungen; die Geraden fallen zusammen. I. $2x+8y=-8$
II. $2x+8y=-8$

3) eine Lösung; die Geraden schneiden einander. I. $x-y=5$
II. $3x+y=2$

4) keine Lösung; die Geraden sind parallel. I. $2x+3y=-9$
II. $2x+3y=12$

153

ZB	Gleichung	ein Lösungspaar	kein Lösungspaar	unendlich viele Lösungspaare
a)	$3x-y=5$	$2x+y=7$	$3x-y=9$	$6x-2y=10$
b)	$x-y=0$	$4x+3y=1$	$x-y=-3$	$4x-4y=0$
c)	$y=1{,}5x+2$	$x+y=7$	$3x-2y=0$	$3x-2y=-4$
d)	$5y-3x=7$	$5x-3y=7$	$3x-5y=2$	$3x-5y=-7$
e)	$x=y$	$x=2y$	$x=y+1$	$2x=2y$
f)	$x=5$	$x=y$	$x=6$	$2x=10$
g)	$y=-3$	$x=-3$	$y=0$	$3y=-9$

154 richtig: A, C

155 **a)** $5x+(-2x+10)=22$
$3x=12$ $x=4, y=2$
$5\cdot4+2=22$
$2=-2\cdot4+10$

b) $3c+5(c-3)=21$
$18c=36$ $c=2, d=3$
$3\cdot2+5\cdot3=21$
$3=3\cdot2-3$

c) $5a+(-a+4)=16$
$4a=12$ $a=3, b=0{,}5$
$5\cdot3+2\cdot0{,}5=16$
$2\cdot0{,}5=-3+4$

d) $2v+v+4=7$
$3v=3$ $u=5, v=1$
$5+2\cdot1=7$
$5=1+4$

156 **a)** $11-3y=-2y+9$
$y=2$ $x=5, y=2$
$5=11-3\cdot2$
$5=-2\cdot2+9$

b) $2d+8=5d+17$
$3d=-9$ $c=2, d=-3$
$2=2\cdot(-3)+8$
$2=5\cdot(-3)+17$

c) $-t-2=3t+2$
$-4t=4$ $s=-1, t=-1$
$-1=-(-1)-2$
$-1=3\cdot(-1)+2$

d) $-4b-5=-7b-11$
$3b=-6$ $a=1, b=-2$
$3\cdot1=-4\cdot(-2)-5$
$3\cdot1=-7\cdot(-2)-11$

e) $-6u+31=-3u+16$
$15=3u$ $u=5, v=1$
$1=-6\cdot5+31$
$1=-3\cdot5+16$

f) $2q+2=-4q+8$
$6q=6$ $q=1, r=4$
$4=2\cdot1+2$
$-4=4\cdot1-8$

157 **a)** $\left.\begin{array}{l} -8x-2y=-28 \\ 5x+2y=19 \end{array}\right\}+$
$-3x=-9 \rightarrow x=3; y=2$
$4\cdot3+2=14; 5\cdot3+2\cdot2=19$

b) $\left.\begin{array}{l} 2\cdot\text{I: } 4c+6d=10 \\ 3\cdot\text{II: } 15c-6d=-48 \end{array}\right\}+$
$19c=-38 \rightarrow c=-2; d=3$
$2\cdot(-2)+3\cdot3=5; 5\cdot(-2)-2\cdot3=-16$

c) $\left.\begin{array}{l} x-y=1 \\ -x+y=2 \end{array}\right\}+$
$0=3 \rightarrow L=\{\}$
I und II parallel; keine Probe

d) $\left.\begin{array}{l} -14a-4b=-44 \\ 3a+4b=11 \end{array}\right\}+$
$-11a=-33 \rightarrow a=3; b=0{,}5$
$7\cdot3+2\cdot0{,}5=22; 3\cdot3+4\cdot0{,}5=11$

e) $\left.\begin{array}{l} 2\cdot\text{I: } 20u+10v=5 \\ 5\cdot\text{II: } 35u-10v=0{,}5 \end{array}\right\}+$
$55u=5{,}5 \rightarrow u=0{,}1; v=0{,}3$
$10\cdot0{,}1+5\cdot0{,}3=2{,}5; 7\cdot0{,}1-2\cdot0{,}3=0{,}1$

f) $\left.\begin{array}{l} -x+4y=-2 \\ x-4y=2 \end{array}\right\}+$
$0=0 \rightarrow L=\{(x|y) \mid x, y \in \mathbb{R} \mid x-4y=2\}$
I und II äquivalent; keine Probe

158 **a)** {(4|–4)} **b)** {(3|1)} **c)** {(–5|–4,5)} **d)** {(2|4)} **e)** {(3|–2)} **f)** {(4|1)}

159 **a)** $x \neq -5, 10; y \neq -9, -3$; L = {(20|6)} **b)** $x \neq 1, 3; y \neq 3, 5$; L = { }

160 I: $x+y=420$ II: $x+2y=600$ $x=240, y=180$
Es wurden 240 1-Euro- und 180 2-Euro-Münzen gesammelt.

161 I: $x=2y$ II: $6x+10y=110$ $x=10, y=5$
Es werden 10 Kartons zu 6 und 5 Kartons zu 10 Stück benötigt.

162 I: $x+y=35$ II: $3x+5y=145$ $x=15, y=20$
Es gibt 15 Dreibett- und 20 Fünfbettzimmer.

163 I: $x+y=4$ II: $x-y=1{,}5$ $x=2{,}75; y=1{,}25$
Boot: 2,75 m/s, Fluss: 1,25 m/s.

164 I: $x+1=y-1$ II: $2(x-1)=y+1$ $x=5, y=7$
Mario hat 5 Marillen gepflückt, Maria 7.

165 I: $x:y=2:5$ II: $(x+5):(y+2)=5:9$ $x=10, y=25$
Die beiden ursprünglichen Zahlen sind 10 und 25.

166 I: $2(x+y)=118$ II: $(x+21)(y-4)=xy+130$ $x=41, y=18$
Das erste Rechteck hat 738 cm² Flächeninhalt, das zweite 868 cm².

167 **a)** $s=100\cdot t_1$; $s=120\cdot t_2 \rightarrow t_2=t_1-0{,}25 \rightarrow 100t_1=120(t_1-0{,}25) \rightarrow$
$t_1=1{,}5$ h; $s=150$ km; Der Treffpunkt ist um 13:30 nach 150 km.

b)
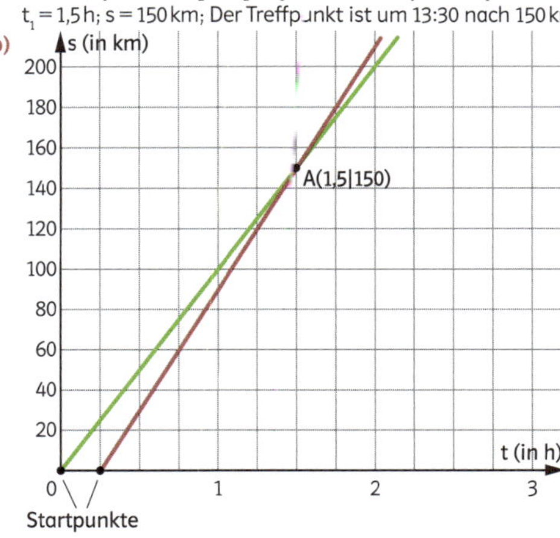

168 **1)** B, D **2)** 9 Mädchen, 16 Burschen

169 **a)** Der Treffpunkt ist um 7:15 Uhr, 4,75 km von Neuberg entfernt.

b)

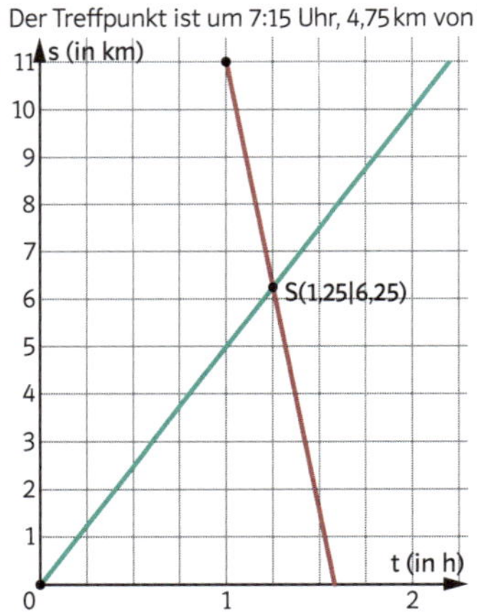

170 1. $x + y = 110$

2. $x \cdot 0{,}55 + y \cdot 0{,}6 = 40 \cdot 0{,}55 + 70 \cdot 0{,}60 = 64 \rightarrow 64 = 110 \cdot p$

$p = \frac{64}{110} \approx 58\,\%$

171 Salzmenge: $300 \cdot 0{,}18 = 54$ kg Gesamtmasse: $300 + x$ kg

$54 = 0{,}12 \cdot (300 + x) \rightarrow x = 150$ kg

172

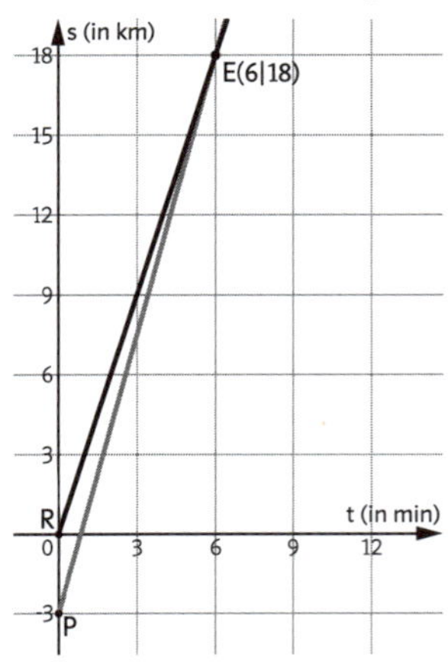

Der Raser wird nach 18 km (6 min) von der Polizei eingeholt.

Merkenswertes
(Seite 44)

A Eine lineare Gleichung mit zwei Variablen

Eine lineare Gleichung mit zwei Variablen x und $y \in \mathbb{R}$ hat die Form $ax + by = c$. ($a, b, c \in \mathbb{R}$) Eine solche Gleichung besitzt unendlich viele Lösungen. Das sind geordnete Zahlenpaare $(x\,|\,y)$, die die Gleichung erfüllen. Die graphische Darstellung der Lösungsmenge einer linearen Gleichung mit zwei Variablen ist eine Gerade. Es sind folgende Sonderfälle möglich: Die Gerade ist eine Parallele zur x-Achse (zB $5y = 25$) oder sie ist eine Parallele zur y-Achse (zB $4x = 12$, das ist keine Funktion!)

B Zwei lineare Gleichungen mit zwei Variablen

Ein lineares Gleichungssystem besteht zumindest aus zwei linearen Gleichungen mit zwei Variablen. Ein solches System hat im Allgemeinen ein einziges Zahlenpaar als Lösung (die Geraden haben dann genau einen Schnittpunkt). Es kommt aber auch vor, dass zwei Gleichungen mit zwei Variablen unendlich viele Lösungen oder gar keine Lösung haben.

Unendlich viele Lösungen: Die Gleichungen sind äquivalent und die zugehörigen Geraden sind zusammenfallend. Sie haben daher unendlich viele Punkte gemeinsam. Das Gleichungssystem besteht eigentlich nur aus einer linearen Gleichung mit zwei Variablen.

Keine Lösung: Die Geraden sind parallel und haben daher keinen Schnittpunkt. Das Gleichungssystem hat keine Lösung. $L = \{\,\}$

C Verfahren zur Lösung eines Gleichungssystems

Für viele Aufgaben ist das graphische Lösungsverfahren nicht gut geeignet. Bei rechnerischen Lösungsverfahren möchte man aus aus den beiden Gleichungen mit zwei Variablen eine Gleichung mit einer Variablen erhalten. Drei Methoden sind gebräuchlich:

1) Einsetzungsverfahren, 2) Gleichsetzungsverfahren, 3) Eliminationsverfahren (Subtraktions-, Additionsverfahren)

Lösungstext: „SAGE ES MIR, UND ICH VERGESSE ES; ZEIGE ES MIR, UND ICH ERINNERE MICH; LASS ES MICH TUN, UND ICH BEHALTE ES!" (Konfuzius)

F Statistik

1 Mittelwerte
(Seiten 45, 46, 47)

173 **1)** arithmetisches Mittel: 34,45 **2)** Median: 38 **3)** Modus: 44

174 **1)** arithmetisches Mittel: 1705 € Median: 1380 € Modus: 1100 €

2) Betriebsrat: Median, eventuell auch Modus
Betriebsleitung: arithmetisches Mittel
Das mittlere Einkommen von 1380 € im Monat ist recht niedrig.
Das mittlere Einkommen von 1705 € ist doch ganz ansehnlich.

3) Der Median ist der aussagekräftigste Mittelwert.
Der Modus besteht aus nur 2 Werten und liegt an einem Ende der Liste.
Links vom arithmetischen Mittel liegen 7 Werte, rechts nur einer.

175 **1)**

	arithmetisches Mittel	Median	Modus
Beatrix	18	19	12
Christoph	18	19	19 oder 20

arithemtisches Mittel und Median: beide gleich
Modus: Christoph

2) Nein, da es nur beim Modus einen Unterschied gibt.

176 **1)** Median: 38°, Modus: 38°

2) 142° ist ein echter „Ausreißer". Ein Schüler hat offensichtlich auf dem Winkelmesser den Winkel abgelesen, der 38° auf 180° ergänzt.

177 Das arithmetische Mittel ist ein Wert der Datenliste: manchmal
Der Modus ist ein Wert der Datenliste: immer
Der Median ist ein Wert der Datenliste: manchmal

178 Das arithmetische Mittel wird größer, Der Median bleibt gleich.
Begründung: Wenn die Gesamtsumme um 100 größer wird, wird das arithmetische Mittel von 10 Zahlen um 10 größer. Die Anzahl der Zahlen ändert sich nicht, somit bleibt der Median gleich.

179 **1)** −1,6 °C **2)** −6,2 °C **3)** −3,9 °C

180 **1)**

	Häufigkeit		
Punktezahl	**absolut**	**relativ**	**prozentuell**
3	5	$\frac{5}{50}$	10 %
2	18	$\frac{18}{50}$	36 %
1	19	$\frac{19}{50}$	38 %
0	8	$\frac{8}{50}$	16 %
Summen	50	1	100 %

2) 1. $\bar{x} = \frac{3+\ldots+3+2+\ldots+2+1+\ldots+1+0+\ldots+0}{50} = 1{,}4$

2. $\bar{x} = \frac{3 \cdot 5 + 2 \cdot 18 + 1 \cdot 19 + 0 \cdot 8}{50} = 1{,}4$

3. $\bar{x} = 3 \cdot \frac{5}{50} + 2 \cdot \frac{18}{50} + 1 \cdot \frac{19}{50} + 0 \cdot \frac{8}{50} = 1{,}4$

181 **a)** Das arithmetische Mittel wird um 4 kleiner, weil $4 \cdot 10 = 40$ ist.

b) Das arithmetische Mittel bleibt gleich, weil $\frac{20+60}{2} = 40$, $\frac{25+55}{2} = 40$ ist.

182 **1)** linkes Auge: Median $= -\frac{9}{8}$; rechtes Auge: Median $= -\frac{11}{8}$;
Das linke Auge ist weniger fehlsichtig als das rechte.

2) beide Augen: Median $= -\frac{5}{4}$

183 **1)** Parterre: 9,29 €, Balkon: 10,19 €, Kino (gesamt): 9,49 €

2) Ein Gesamtdurchschnitt muss zwischen den Teildurchschnitten liegen.

184 Leon hat Recht. Wenn jede Karte **1)** um 1 €, **2)** um 10 % teurer wird, dann wird auch der Gesamtpreis um 1 € bzw. 10 % und in der Folge auch der Durchschnittspreis um 1 € bzw. 10 % teurer. Durchschnittspreise nach der Teuerung: Parterre: 10,29 € bzw. 10,22 €; Balkon: 11,19 € bzw. 11, 21 €; Kino: 10,49 € bzw. 10,44 €

185 21,0

2 Streumaße
(Seiten 48, 49)

186 1C, 2F, 3D, 4B

187 **a)** Die 4A-Klasse hat einen Punktedurchschnitt von 18,1 Punkten, die 4B-Klasse von 17,1 Punkten. Die 4A-Klasse hat also im Durchschnitt mehr Punkte erzielt.

b) Die 4B-Klasse hat eine geringere Standardabweichung von 3,15 im Vergleich zur Standardabweichung der 4A-Klasse von 3,58. Sie hat daher eine konstantere Leistung erbracht.

188 **1)** $\bar{x}$ = 40,05 mm, s = 0,128…
2) zu kurz: 2 Bolzen, durchschnittlich um 0,15 mm;
3) zu lang: 5 Bolzen, durchschnittlich um 0,16 mm
4) Ausschuss: 4 Bolzen … 40 %

189 **1)** Klasse A: $\bar{x}$ = 3, Median = 3; Klasse B: $\bar{x}$ = 3, Median = 3
Kein Unterschied bei $\bar{x}$ und Median.
2) **a)** Klasse A: $\frac{(1-3)^2\cdot 1+(2-3)^2\cdot 7+(3-3)^2\cdot 9+(4-3)^2\cdot 5+(5-3)^2\cdot 2}{24}=1$
Klasse B: $\frac{(1-3)^2\cdot 6+(2-3)^2\cdot 3+(3-3)^2\cdot 5+(4-3)^2\cdot 5+(5-3)^2\cdot 5}{24}=\frac{13}{6}$
b) Klasse A: $s=\sqrt{1}=1$; Klasse B: $s=\sqrt{\frac{13}{6}}=1{,}47\ldots$
Dh: Die Streuung der Punkteanzahl ist in Klasse B größer als in Klasse A.

190

	Liste 1	Liste 2	Liste 3
q_1	27	119	1179
q_2	48,5	134,5	1181,5
q_3	73	147	1185
Quartilsabstand	46	28	6

Liste 1 hat den größten und Liste 3 den kleinsten Quartilsabstand.

191 C, E

192 1A, 2E, 3F, 4B

3 Boxplot (Kastenschaubild)
(Seiten 49, 50, 51)

193 4A-Klasse: Minimum 45
q_1 58
Median 64,5
q_3 70
Maximum 92
arithmetisches Mittel 65,5
Spannweite 47
Quartilsabstand 12
Standardabweichung 11,74

4B-Klasse: Minimum 29
q_1 49
Median 62,5
q_3 71,5
Maximum 100
arithmetisches Mittel: 61,9
Spannweite 71
Quartilsabstand 22,5
Standardabweichung: 17,28

194 **a)** B, D **b)** B, D

195 Minimum: 4,8 Liter, Maximum: 10,2 Liter, q_1 = 5,75 Liter,
q_2 = Median = 6,65 Liter, q_3 = 8,2 Liter
4,8; 4,9; 5,3; 5,3; 5,7; 5,8; 5,8; 6,3; 6,6; 6,4; 6,7; 7,2; 7,4; 7,5; 7,6; 8,8; 8,9; 9,0; 9,2; 10,2

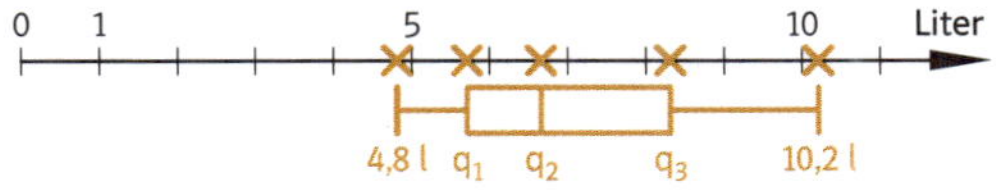

196 1D, 2C, 3E, 4B, 5A

197 Minimum: 3 m, Maximum: 72 m, q_1 = 9 m, q_2 = 13 m, q_3 = 22 m
1)

2) Rückgang höchstens q_1: 15 Gletscher
Rückgang mindestens q_3: 16 Gletscher
Rückgang im Bereich von q_1 und q_3: 32 Gletscher
3) 5,73 m; 10,89 m; 16,29 m; 37,94 m

198 **a)**

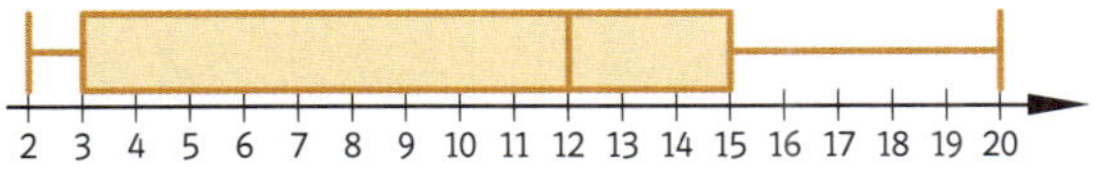

b)

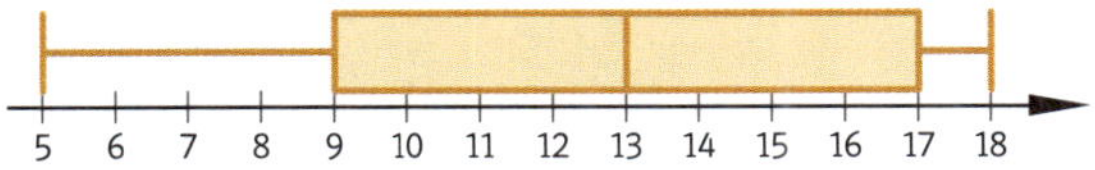

199 **1)** q_1 = 30 s; q_2 = 52 s; q_3 = 83 s
2)

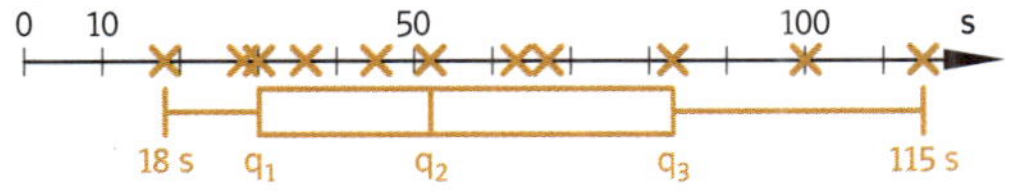

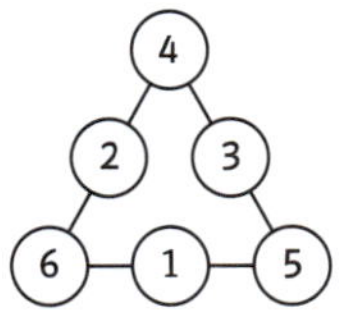

Merkenswertes
(Seite 52)

A Kenngrößen zur Beschreibung von Daten
Wichtige Kennzahlen bei der Beschreibung von Daten sind Mittelwerte und Streumaße. Mittelwerte sind das arithmetische Mittel $\bar{x}$, der Median und der Modus. Zur Berechnung des arithmetischen Mittels dividiert man die Summe der Zahlenwerte durch die Anzahl der Werte. Sind die relativen Häufigkeiten der Werte gegeben, so spricht man von einem gewichteten Mittel. Der Median (Zentralwert) ist bei einer ungeraden Anzahl von Zahlen der Wert in der Mitte der geordneten Zahlenreihe. Bei einer geraden Anzahl von Werten ist der Median das arithmetische Mittel der beiden in der Mitte liegenden Zahlenwerte. Der am häufigsten auftretende Wert einer Zahlenreihe heißt Modus. Nicht jeder Mittelwert eignet sich immer gleich gut zur Beschreibung einer Datenreihe. Das arithmetische Mittel wird stark von so genannten „Ausreißern“ beeinflusst.

B Boxplot, Quartile und weitere Streumaße
Der Median teilt die Werte einer geordneten Liste in zwei Hälften, dh. dass der Median die 50 %-Grenze der Daten markiert. Nun kann man auch die 25 %-Grenze einer Datenreihe angeben, also jene Grenze, unter der ca. ein Viertel der Daten liegt, genannt 1. Quartil q_1. Ebenso gibt es die 75 %-Grenze, das 3. Quartil q_3. Zeichnet man einen „Kasten“ mit den Grenzen q_1 und q_3 und einer Unterteilung bei q_2 mit „Verlängerungsarmen“ bis zum Minimum und bis zum Maximum der Zahlenreihe, so erhält man ein Diagramm, den Boxplot (Kastenschaubild). Daraus kann man die Verteilung der Daten gut erkennen. Ein großer Abstand zwischen q_1 und q_3 bedeutet eine große Streuung der Daten. Die Streuung kann man auch durch die durchschnittliche quadrierte Abweichung vom arithmetischen Mittel, genannt Varianz, angeben.
Die Quadratwurzel der Varianz heißt Standardabweichung.

Lösungstext: „ES GIBT NUR EINS, WAS AUF DAUER TEURER IST ALS BILDUNG – KEINE BILDUNG!“ (John F. Kennedy)

G Berechnungen am Kreise

1 Umfang des Kreises – die Zahl π („Kreiszahl“)
(Seite 53)

200 **a)** d = 15,7 cm Ü: u ≈ 3 · 16 = 48 TR: u = π · 15,7 = 49,323… cm ≈ 49,3 cm
b) d = 6,14 m Ü: u ≈ 3 · 6 = 18 TR: u = π · 6,14 = 19,289… m ≈ 19,3 m
c) r = 4,20 km Ü: u ≈ 3 · 8 = 24 km TR: u = π · 8,4 = 26,389… km ≈ 26,4 km

201 **a)** u ≈ 15 325 km **b)** u ≈ 38 026 km **c)** u ≈ 449 197 km **d)** u ≈ 155 597 km

202 **a)** $d=\frac{u}{\pi}$ **b)** $r=\frac{u}{(2\cdot\pi)}$

203 **a)** r = 3,899… cm ≈ 3,9 cm **b)** r = 0,725… m ≈ 0,73 m

204 **a)** r ≈ 3397 km **b)** r ≈ 1195 km **c)** r ≈ 25 559 km **d)** r ≈ 60 268 km

205 **a)** Savanna hat Recht. **b)** Das Rad vollführt rund 318 Umdrehungen.

206 **a)** C, E **b)** D, E **c)** A, C

2 Länge des Kreisbogens
(Seite 54)

207 **a)** b = 8,848… cm ≈ 8,8 cm **b)** b = 52,311… m ≈ 52,3 m
c) u = 64,311… cm ≈ 64,3 cm

208 **a)** 60° → b ≈ 99,5 cm (99,483…)
b) 270° → b ≈ 447,7 cm ≈ 4,48 m
c) 24 volle Umdrehungen, das entspricht 24 Kreisumfängen.
u ≈ 596,9 cm, 24 · u ≈ 14 326 cm ≈ 143,26 m. Der Zeiger legt in 1 Tag rund 143 m zurück.

209 **a)** $r=\frac{b\cdot 180}{(\alpha\cdot\pi)}$ **b)** $\alpha=\frac{b\cdot 180}{(\pi\cdot r)}$

210 **a)** r ≈ 19,7 cm (19,716…) **b)** α ≈ 85° (84,955…)°

211

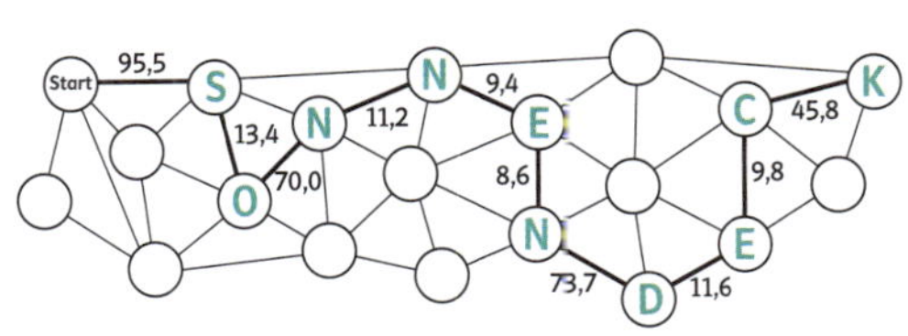

Lösungswort: SONNENDECK

212 1C, 2A, 3F, 4E

3 Flächeninhalt des Kreises
(Seite 55)

213 a) $r = 8{,}9\,cm$ Ü: $A \approx 3 \cdot 9^2 = 243\,cm^2$ TR: $A = \pi \cdot 8{,}9^2 = 248{,}845\ldots \approx 249\,cm^2$
b) $r = 4{,}81\,m$ Ü: $A \approx 3 \cdot 5^2 = 75\,m^2$ TR: $A = \pi \cdot 4{,}81^2 = 72{,}684\ldots \approx 72{,}7\,m^2$

214 Umfang: Ü: $u \approx 3 \cdot 20 = 60$ TR: $u \approx 57{,}5\,m$ (57,491…)
Flächeninhalt: Ü: $A \approx 3 \cdot 10^2 = 300$ TR: $A \approx 263\,m^2$ (263,022…)

215 a) $r^2 = \frac{A}{\pi} \rightarrow r = \sqrt{\frac{A}{\pi}}$ b) $r \approx 2{,}8\,cm$ (2,843…), $u \approx 17{,}9\,cm$ (17,865…)

216 a) $u \approx 6{,}3\,m$ $A = \pi\,m^2 \approx 3{,}14\,m^2$
b) $r = \frac{1}{(2\pi)}\,m \approx 0{,}16\,m$ c) $r = \sqrt{\frac{1}{\pi}}\,m \approx 0{,}56\,m$

217 C

218 1C, 2A, 3E, 4F

4 Flächeninhalt des Kreissektors
(Seiten 55, 56)

219 a) $5{,}24\,cm^2$ b) $21{,}60\,cm^2$ c) $23{,}7\,cm^2$

220 1) $b = \frac{A \cdot 2}{r} \rightarrow b = 16 \cdot \pi\,cm \approx 50{,}3\,cm$
2) $\alpha = \frac{A \cdot 360}{(\pi \cdot r^2)} \rightarrow \alpha = 45°$ oder $\alpha = \frac{b \cdot 180}{(\pi \cdot r)} \rightarrow \alpha = 45°$

221 a) äußerer Kreisbogen: $b_1 \approx 404{,}9\,m$, innerer Kreisbogen: $r_2 = 147{,}5\,m$
$\rightarrow b_2 \approx 373{,}3\,m$. Insgesamt werden rund 778,2 m Leitschienen benötigt.
b) großer Kreissektor: $A_1 \approx 32\,393\,m^2$, kleinerer Kreissektor $A_2 \approx 27\,530\,m^2$
Insgesamt werden für die Kurve rund 4 864 m² Straßenbelag benötigt.

222 C, D, E

223 1D, 2E, 3A, 4C

5 Flächeninhalt und Umfang des Kreisringes
(Seiten 56, 57)

224 u: a) 364,4 mm b) 163,4 cm c) 20,1 m d) 529,7 cm e) 212,4 cm
A: a) 2915,4 mm² b) 163,4 cm² c) 6,0 m² d) 5 482,1 cm² e) 3 206,8 cm²

225 C, D

226 a) Umkreis: $d = \sqrt{2} \cdot a \rightarrow d \approx 8{,}5\,cm$ (8,485…) $\rightarrow r_1 \approx 4{,}2\,cm$ (4,242…)
$\rightarrow u_1 \approx 26{,}7\,cm$ (26,657…), $A_1 \approx 56{,}5\,cm^2$ (56,548…)
Inkreis: $r_2 = 3\,cm \rightarrow u_2 \approx 18{,}8\,cm$ (18,849…), $A_2 \approx 28{,}3\,cm^2$ (28,274…)
Kreisring: $u \approx 45{,}5\,cm$ (45,506…), $A \approx 28{,}3\,cm^2$ (28,274…)
b) $p\,\% \approx 78{,}5\,\%$ (78,539…)

Merkenswertes
(Seite 57)

A Umfang und Flächeninhalt des Kreises
Für den Umfang des Kreises gilt (Kurzsprechweise): „Umfang = π mal Durchmesser", als Formel: $u = \pi \cdot d$ bzw. $u = 2\pi \cdot r$. Für den Flächeninhalt des Kreises gilt kurz: „Flächeninhalt = π mal Radius hoch 2", als Formel $A = \pi \cdot r^2$

B Umfang und Flächeninhalt des Kreissektors
Ein Kreissektor wird von zwei Radien und dem Kreisbogen begrenzt.
Hat der Kreissektor den Zentriwinkel α, dann wird die Länge des Kreisbogens b folgendermaßen berechnet: $b = \frac{\pi \cdot \alpha}{180} \cdot r$
Den Umfang des Sektors berechnet man mit $u = 2 \cdot r + b$.
Für den Flächeninhalt des Kreissektors gilt: $A = \frac{\pi \cdot \alpha}{360} \cdot r^2$ bzw. $A = \frac{b \cdot r}{2}$

B Umfang und Flächeninhalt des Kreisringes
Ein Kreisring wird durch zwei konzentrische Kreise begrenzt.
Für seinen Umfang gilt: $u = u_1 + u_2 = 2\pi \cdot r_1 + 2\pi \cdot r_2 = 2 \cdot \pi \cdot (r_1 + r_2)$
Der Flächeninhalt des Kreisringes wird mit Hilfe der Differenz der beiden Kreisflächeninhalte berechnet: $A = A_1 - A_2 = \pi \cdot r_1^2 - \pi \cdot r_2^2 = \pi \cdot (r_1^2 - r_2^2)$.
Lösungstext: „Störe meine Kreise nicht!" (angeblich Archimedes)

H Satz des Pythagoras in ebenen Figuren
1 Rechtwinkliges Dreieck
(Seiten 58, 59)

227

	a)	b)	c)	d)	e)
a (in cm)	19,5	67,2	31,2	19,5	33,6
b (in cm)	46,8	28,0	23,4	26,0	25,2
c (in cm)	50,7	72,8	39,0	32,5	42,0
A (in cm²)	456,3	940,8	365,04	253,5	423,36
h_c (in cm)	18,0	25,85	18,72	15,6	20,16

Lösungstext: DIE ZAUBERFLOETE

228 a) A = (1 | 2), B = (5 | 7)
b) Die Differenz ihrer x-Koordinaten beträgt 4 cm.
Die Differenz ihrer y-Koordinaten beträgt 5 cm.
$\overline{AB}^2 = 4^2 + 5^2 \rightarrow \overline{AB} = \sqrt{41}\,cm \approx 6{,}4\,cm$
c) $\overline{AB} \approx 6{,}4\,cm$

229 a)

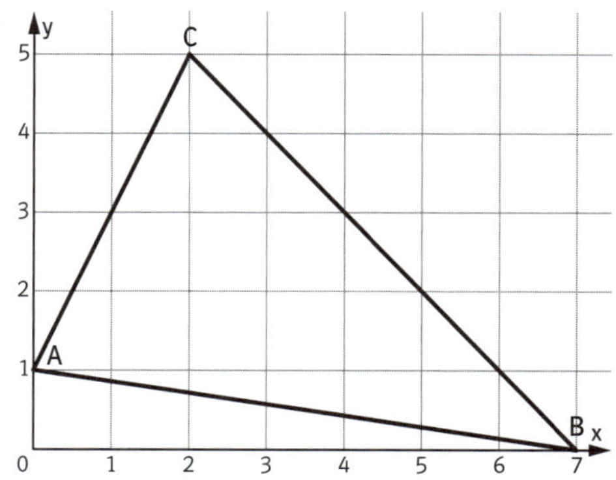

b) Seite AB:
Differenz der x-Koordinaten: 7 cm
Differenz der y-Koordinaten: 1 cm
$\overline{AB}^2 = 7^2 + 1^2 \rightarrow \overline{AB} = \sqrt{50}\,cm \approx 7{,}1\,cm$
Seite BC:
Differenz der x-Koordinaten: 5 cm
Differenz der y-Koordinaten: 5 cm
$\overline{BC}^2 = 5^2 + 5^2 \rightarrow \overline{BC} = \sqrt{50}\,cm \approx 7{,}1\,cm$
Seite AC:
Differenz der x-Koordinaten: 2 cm
Differenz der y-Koordinaten: 4 cm
$\overline{AC}^2 = 2^2 + 4^2 \rightarrow \overline{AC} = \sqrt{20}\,cm \approx 4{,}5\,cm$
c) $\overline{AB} \approx 7{,}1\,cm$, $\overline{BC} \approx 7{,}1\,cm$, $\overline{AC} \approx 4{,}5\,cm$
d) $A = 35\,cm^2 - (3{,}5 + 12{,}5 + 4{,}0)\,cm^2 = 15\,cm^2$

230 1) 2) (verkleinert)

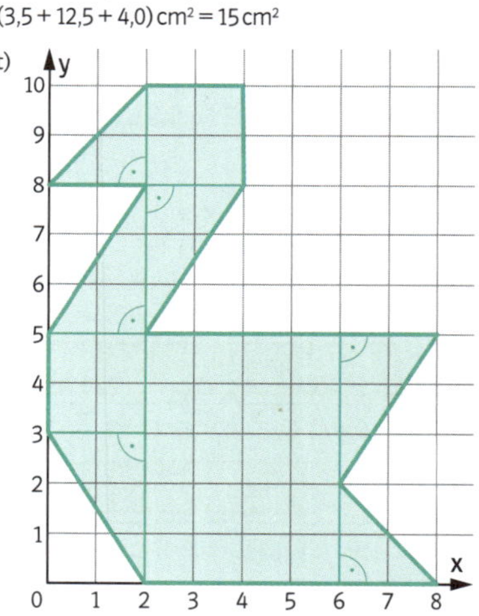

3) $A = 44\,cm^2$
4) $u = 20 + 2\sqrt{8} + 4\sqrt{13} \Rightarrow u \approx 40{,}1\,cm$ (40,07…)

231 1D, 2A, 3B, 4C

232 1) 612 m 2) ca. 7,1 % 3) ca. 125 km

2 Berechnungen in besonderen Vielecken
(Seiten 59–63)

233 a) 6,40 m = 640 cm → 640 cm : 200 = 3,2 cm
b) Zeichnung: Ganzes Spielfeld: $d_1 \approx 7{,}2$ cm;
Spielfeldhälfte: $d_2 \approx 4{,}5$ cm
Wirklichkeit: $d_1 \approx 7{,}2\,\text{cm} \cdot 200 = 1440\,\text{cm} = 14{,}4\,\text{m}$;
$d_2 \approx 4{,}5\,\text{cm} \cdot 200 = 900\,\text{cm} = 9{,}0\,\text{m}$
c) $d_1^2 = 6{,}4^2 + 12{,}8^2 = 204{,}8 \rightarrow d_1 \approx 14{,}31$ m;
$d_2^2 = 6{,}4^2 + 6{,}4^2 = 81{,}92 \rightarrow d_2 \approx 9{,}05$ m
(verkleinert)

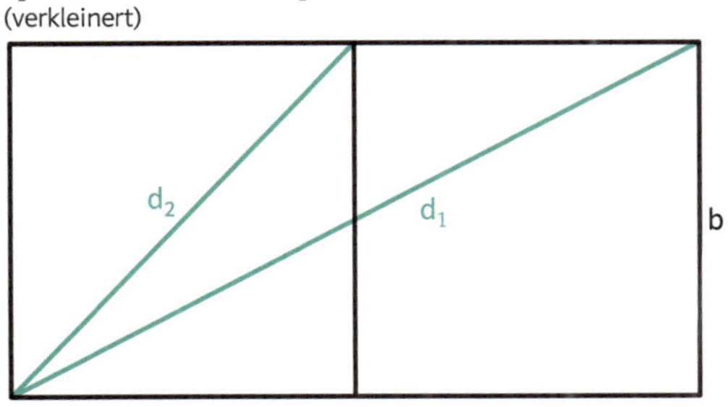

234 C, Begründung: Die Seiten a und b des Rechtecks und die Diagonale d bilden ein rechtwinkliges Dreieck mit d als Hypotenuse.
Aus $d^2 = a^2 + b^2$ folgt $a^2 = d^2 - b^2$ bzw. $a = \sqrt{d^2 - b^2}$.

235 a) $a = \frac{u}{2} - b$, $d = \sqrt{2b^2 - bu + \frac{u^2}{4}}$, $A = b\left(\frac{u}{2} - b\right)$
b) $b = \frac{A}{a}$, $u = 2\left(a + \frac{A}{a}\right)$, $d = \sqrt{a^2 + \frac{A^2}{a^2}}$

236 a) $d = \sqrt{2}\,a$, $u = 4a$, $A = a^2$
b) $a = \frac{d}{\sqrt{2}}$, $u = \frac{4d}{\sqrt{2}}$, $A = \frac{d^2}{2}$
c) $a = \frac{u}{4}$, $d = \frac{\sqrt{2}\,u}{4}$, $A = \frac{u^2}{16}$
d) $a = \sqrt{A}$, $d = \sqrt{2A}$, $u = 4\sqrt{A}$

237 $\left(\frac{c}{2}\right)^2 = a^2 - h_c^2 \rightarrow \left(\frac{c}{2}\right)^2 = 56{,}25 \rightarrow \frac{c}{2} = 7{,}5 \rightarrow c = 15{,}0$ cm
$A = \frac{c \cdot h_c}{2} \rightarrow A = 135{,}0\,\text{cm}^2$; $A = \frac{a \cdot h_a}{2} \rightarrow h_a = \frac{A \cdot 2}{a} \rightarrow h_a \approx 13{,}8$ cm.

238 Die Balkenlängen sind von oben nach unten angegeben.
a) 4,24 m (4,242…), 2,83 m (2,828…), 9,90 m (9,899…)
b) 1,73 m (1,732…), 2,00 m, 2,60 m (2,598…), 5,00 m

239 a, c: $h_e = \sqrt{a^2 - \left(\frac{c}{2}\right)^2}$ a, h_c: $c = 2 \cdot \sqrt{a^2 - h_c^2}$ c, h_c: $a = \sqrt{\left(\frac{c}{2}\right)^2 + h_c^2}$

240 a) $h = 6{,}581\ldots\,\text{cm} \approx 6{,}6$ cm, $A = 25{,}010\ldots \approx 25{,}0\,\text{cm}^2$
b) $a = \frac{2 \cdot h}{\sqrt{3}} \rightarrow a = 9{,}699\ldots\,\text{cm} \approx 9{,}7$ cm, $A = 40{,}737\ldots \approx 40{,}7\,\text{cm}^2$
c) $a^2 = \frac{4 \cdot A}{\sqrt{3}} \rightarrow a = 8{,}098\ldots. \approx 8{,}1$ cm; $h = 7{,}013\ldots \approx 7{,}0$ cm

241 $h \approx 10{,}4$ cm (10,3923…)

242 Die Höhe h teilt das gleichseitige Dreieck in zwei kongruente rechtwinklige Dreiecke. Man kann daher den Satz des Pythagoras anwenden
$h^2 = a^2 - \left(\frac{a}{2}\right)^2$ und damit h berechnen.
In jedem Dreieck gilt: „Flächeninhalt = Seite mal zugehörige Höhe durch 2".
Man erhält daher den Flächeninhalt des gleichseitigen Dreiecks mit der Seite a und der Höhe h durch $A = \frac{a \cdot h}{2}$.

243 Geeignet ist Rechengang **D**.
Nicht geeignet sind Rechengang **A**, weil man den Flächeninhalt des Drachens im Allgemeinen nicht mit $A = a \cdot b$ berechnen kann.
Rechengang **B**, weil die angegebenen Rechenwege für die Teilstrecken x und y falsch sind, und Rechengang **C**, weil das Dreieck, das von den beiden Seiten a und b und der Diagonale e des Drachens gebildet wird, im Allgemeinen nicht rechtwinklig ist.

244 1) 294,40 € 2) 18,25 m

245 a) $a^2 = \left(\frac{e}{2}\right)^2 + \left(\frac{f}{2}\right)^2 \rightarrow \left(\frac{f}{2}\right)^2 = a^2 - \left(\frac{e}{2}\right)^2 \rightarrow f = 12{,}0$ cm; b) $A = \frac{e \cdot f}{2} \rightarrow A = 172{,}8\,\text{cm}^2$
c) $A = a \cdot h_a \rightarrow h_a = h = \frac{A}{a} \rightarrow h = 11{,}076\ldots \approx 11{,}1$ cm.
d) Der Inkreisradius ist halb so groß wie die Höhe der Raute. Daraus folgt $\varrho = 5{,}538\ldots\,\text{cm} \approx 5{,}5$ cm.

246 $A = 1620\,\text{cm}^2$ $x^2 = a^2 - h_a^2 \rightarrow x = 27$ cm.
$e^2 = h_a^2 + (a + x)^2 \rightarrow e = 80{,}498\ldots\,\text{cm} \approx 80{,}5$ cm
$f^2 = h_a^2 + (a - x)^2 \rightarrow f = 40{,}249\ldots\,\text{cm} \approx 40{,}2$ cm
Kontrolle: $A = \frac{e \cdot f}{2} \rightarrow A = 1\,620\,\text{cm}^2$

247 a) $m = 7{,}2$ cm $(a + m)^2 = e^2 - h_a^2 \rightarrow a + m = 28{,}0\,\text{cm} \rightarrow a = 20{,}8$ cm
b) $f^2 = h_a^2 + (a - m)^2 \rightarrow f = 16{,}646\ldots\,\text{cm} \approx 16{,}6$ cm
c) $A = a \cdot h_a \rightarrow A = 199{,}68\,\text{cm}^2$
d) $h_b = A : b \rightarrow h_b = 16{,}64\,\text{cm} \approx 16{,}6$ cm.

248 1) $x = \sqrt{n^2 - g^2}$; $s = \sqrt{(m + x)^2 + g^2}$; $t = \sqrt{(m - x)^2 + g^2}$ 2) $t \approx 4{,}4$ dm

249 a) Ich berechne im rechtwinkligen Dreieck mit den Seiten h, b und $x = \frac{a - c}{2}$ die Länge der Seite b (= d): $b = \sqrt{h^2 + x^2}$
Die Diagonale e (= f) ist Hypotenuse des Dreiecks mit den Katheten h und $(a - x) \rightarrow e = \sqrt{h^2 + (a - x)^2}$
Für den Flächeninhalt des Trapezes gilt: $A = \frac{(a + c) \cdot h}{2}$
b) x = 2,4 cm, b = d = 4,0 cm,
e = f = 13,0 cm, A = 40,32 cm²

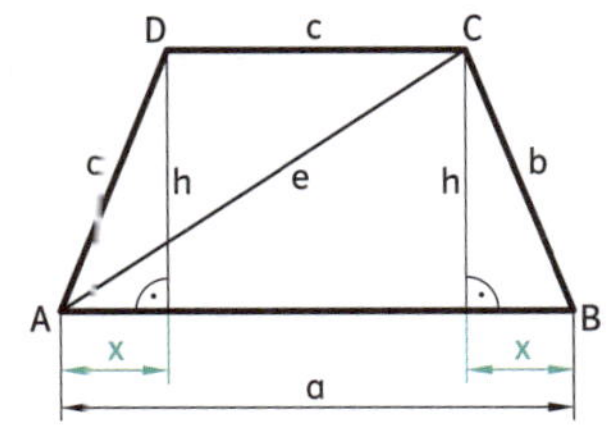

250 1) $b \approx 3{,}01$ cm, $d \approx 3{,}61$ cm, $f \approx 3{,}61$ cm
2) Die Süßigkeit darf maximal 2,9 cm breit sein.

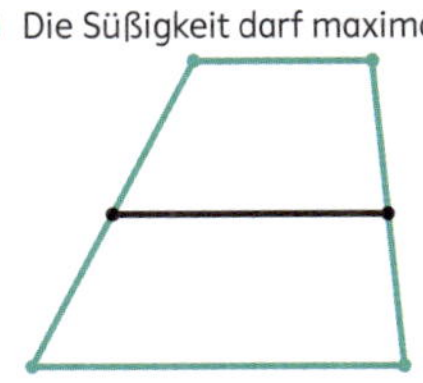

251 Rafael hat Recht. Die Spiegelfläche ist doppelt so hoch wie ein solches gleichseitiges Dreieck, ihr Flächeninhalt beträgt das Sechsfache des Dreiecksflächeninhalts.

252 1) $A \approx 3016\,\text{cm}^2$ 2) Abfall: ca. 17,1 %

3 Beweise für den Satz des Pythagoras
(Seiten 63, 64)

253 Man kann „sehen": Die Quadrate über den Katheten a und b bestehen aus zwei „Geodreiecken", das Quadrat über der Hypotenuse c aus vier:
2 Geodreiecke + 2 Geodreiecke = 4 Geodreiecke → $a^2 + b^2 = c^2$

254 $A_1 = b \cdot b = b^2$, $A_2 = a \cdot a = a^2$
Das freibleibende Viereck im unteren Rahmen ist ebenfalls ein Quadrat, weil es vier gleich lange Seiten (c) hat und die Winkel 90° groß sind. Sie ergänzen die beiden komplementären Winkel α und β des rechtwinkligen Dreiecks auf einen gestreckten Winkel. $A_3 = c \cdot c = c^2$
Daraus folgt unmittelbar der Satz des Pythagoras, weil die nach dem Auflegen der jeweils vier kongruenten Dreiecke freibleibenden Flächen im oberen Rahmen insgesamt genau so groß sein müssen wie die freibleibende Fläche im unteren Rahmen: $A_1 + A_2 = A_3 \rightarrow a^2 + b^2 = c^2$

255 1)–3) Vergleiche mit der Figur im Arbeitsheft alle Winkel gleich groß, alle Dreiecke haben die Seite c.
zB: 4) $A_1 = (a - b)^2$ alle Winkel 90°; jede Seite: a–b
5) $A_1 + 4 \cdot A_2 = A_3$
6) $(a - b)^2 + 4 \cdot \frac{ab}{2} = c^2 \rightarrow a^2 - 2ab + b^2 + 2ab = c^2 \rightarrow a^2 + b^2 = c^2$

4 Katheten- und Höhensatz
(Seiten 64, 65)

256 $a^2 = c \cdot p \rightarrow c = a^2 : p \rightarrow c = 97{,}5$ cm. Aus $b^2 = c^2 - a^2$ folgt $b = 78{,}0$ cm.

257 $h^2 = p \cdot q \rightarrow h = 15{,}6$ cm, $c = 32{,}5$ cm.
Aus $a^2 = p \cdot c$ folgt: $a = 26{,}0$ cm, aus $b^2 = q \cdot c$ folgt: $b = 19{,}5$ cm.
Überprüfung: $a^2 + b^2 = 1056{,}25$; $c^2 = 1056{,}25$.

258 $p^2 = a^2 - h^2 \rightarrow p = 43{,}2$ cm: $h^2 = p \cdot q \rightarrow q = h^2 : p \rightarrow q = 7{,}5$ cm
$c = 50{,}7$ cm; $b^2 = c^2 - a^2 \rightarrow b = 19{,}5$ cm.

Merkenswertes
(Seite 65)

Für die Seitenlängen jedes rechtwinkligen Dreiecks mit den Katheten a und b und der Hypotenuse c gilt der Satz des Pythagoras: $a^2 + b^2 = c^2$
Außerdem gilt der Kathetensatz: $a^2 = c \cdot p$ und $b^2 = c \cdot q$
Der Höhensatz lautet: $h^2 = p \cdot q$
Die Strecken p und q nennt man die Hypotenusenabschnitte.

Im **gleichseitigen Dreieck** mit der Seitenlänge a gilt für die Höhe $h = \sqrt{3} \cdot \frac{a}{2}$ und für den Flächeninhalt $A = \sqrt{3} \cdot \frac{a^2}{4}$

Im Rechteck gilt folgender Zusammenhang zwischen den Längen der Seiten a und b und der Diagonale d: $d^2 = a^2 + b^2$ bzw. $d = \sqrt{a^2 + b^2}$
Im Quadrat gilt: $d^2 = 2 \cdot a^2$ bzw. $d = \sqrt{2} \cdot a$

Im gleichschenkligen Dreieck, im allgemeinen Dreieck, im Parallelogramm und im Trapez erhält man durch Einzeichnen von Höhen rechtwinklige Teildreiecke. Kennt man zwei ihrer Seitenlängen, kann man mit Hilfe des Satzes von Pythagoras die dritte Seitenlänge und somit alle gesuchten Streckenlängen des Dreiecks bzw. Vierecks berechnen.
In der Raute und beim Drachen bilden die normal aufeinander stehenden Diagonalen rechtwinklige Teildreiecke, die man zum Berechnen gesuchter Seiten- und Diagonalenlängen verwenden kann.

Lösungstext: RECHTWINKLIGE DREIECKE

I Berechnungen bei Prismen und Pyramiden

1 Prisma
(Seiten 66, 67)

259 a)

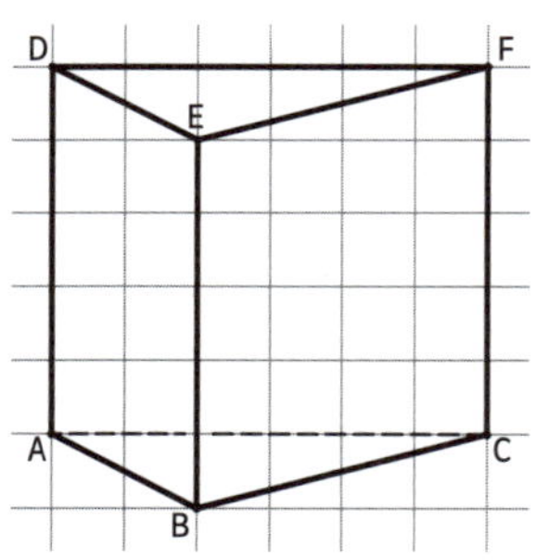

b)

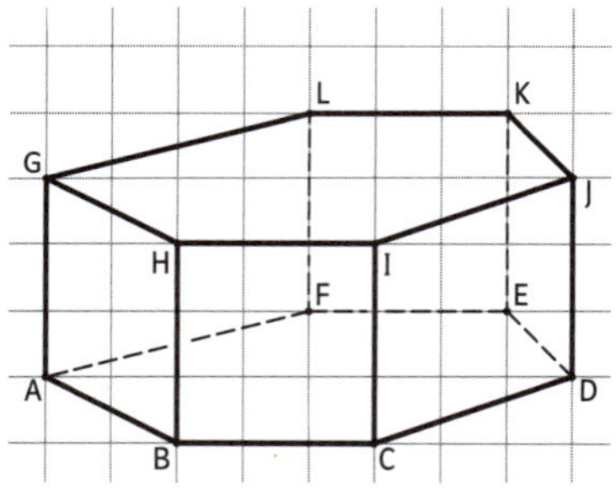

260 a) $d_1 = 15{,}3\,cm$, $d_2 = 22{,}2\,cm$, $d_3 = 24{,}964\ldots\,cm \approx 25{,}0\,cm$; $d = 25{,}982\ldots\,cm \approx 26{,}0\,cm$
b) $V = 2041{,}2\,cm^3$ c) $O = 1063{,}8\,cm^2$

261 A: Kasten drehen $60 \times 100 \times 196 \rightarrow 60 < 80$; $100 < 150$; $196 < 200$
C: Raumdiagonale des Lifts: 292 cm und $292 > 250$

262 Die Flächendiagonale d_1 ist Hypotenuse eines rechtwinkligen Dreiecks mit den Katheten a und b. Es gilt daher $d_1^2 = a^2 + b^2$ und $d_1 = \sqrt{a^2 + b^2}$.
In gleicher Weise gilt $d_2^2 = a^2 + c^2$ und $d_2 = \sqrt{a^2 + c^2}$.
Ebenso gilt $d_3^2 = b^2 + c^2$ und $d_3 = \sqrt{b^2 + c^2}$. Die Raumdiagonale d ist Hypotenuse eines rechtwinkligen Dreiecks mit den Katheten d_1 und c.
Es gilt daher $d^2 = d_1^2 + c^2 = a^2 + b^2 + c^2$ und $d = \sqrt{a^2 + b^2 + c^2}$.

263 a) $V = a \cdot a \cdot a = a^3 \rightarrow a = \sqrt[3]{V} \rightarrow a = 8{,}4\,cm$.
b) $d_1 = 11{,}879\ldots\,cm \approx 11{,}9\,cm$; $d = 14{,}549\ldots\,cm \approx 14{,}5\,cm$
c) $O = a^2 \cdot 6 \rightarrow O = 423{,}36\,cm^2$

264 a) ≈ 102 cm b) ≈ 62 cm c) ≈ 50 cm d) ≈ 30 cm

265 a) $G = 39{,}079\,cm^2 \approx 39{,}1\,cm^2$
Die Höhe h des Prismas entspricht der Länge der Stahlschiene
$\rightarrow V = 3360{,}828\,cm^3 \approx 3361\,cm^3$
b) Die Mantelfläche M besteht aus drei Rechtecken mit den Seitenlängen 9,5 cm und 86,0 cm. $M = 2451\,cm^2 \rightarrow O = 2529{,}158\,cm^2 \approx 2529\,cm^2$
c) $V = 3360{,}828\ldots\,cm^3 = 3{,}360\ldots\,dm^3 = 0{,}00336\ldots\,m^3$
$m = 0{,}00336\ldots \cdot 7800 = 26{,}214\ldots \rightarrow m \approx 26{,}2\,kg$.

266 Da der Eiswürfel eine Seitenlänge von ca. 1,5 m hat, passt er nicht durch die Tür der Gondel.

2 Pyramide
(Seiten 67, 68, 69)

267 a)

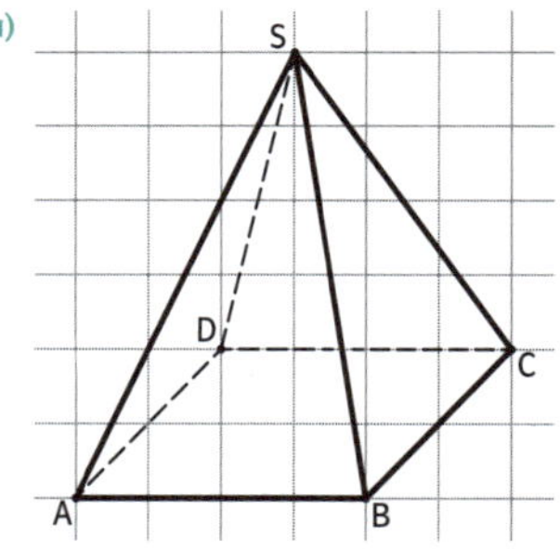

b)

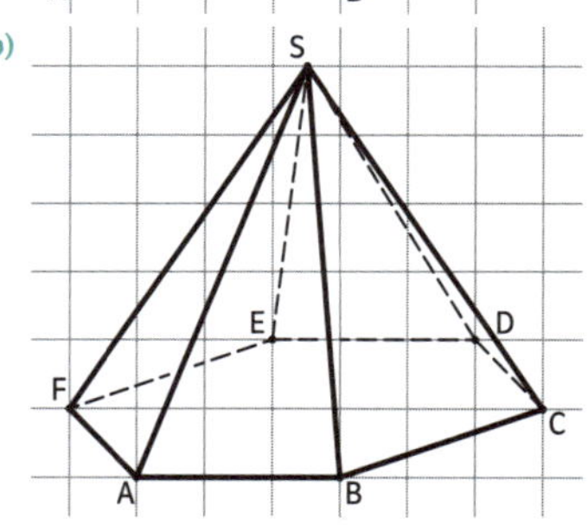

268 a) $G = a^2 \rightarrow G = 23{,}04\,cm^2 \rightarrow V = 34{,}56\,cm^3$
b) $h_1^2 = h^2 + \left(\frac{a}{2}\right)^2 \rightarrow h_1 = 5{,}1\,cm$.
c) Der Mantel besteht aus vier gleichschenkligen Dreiecken.
$A = \frac{a \cdot h_1}{2} \rightarrow A = 12{,}24\,cm^2 \rightarrow M = 48{,}96\,cm^2 \rightarrow O = 72{,}0\,cm^2$
d) $s^2 = h_1^2 + \left(\frac{a}{2}\right)^2 \rightarrow s = 5{,}636\ldots\,cm \approx 5{,}6\,cm$.

269 a) $0{,}985\,m^2 \cdot 560 = 552€$
b) 153,09 kg, die Skulptur kann transportiert werden!

270 a) $\left(\frac{a}{2}\right)^2 = s^2 - h_1^2 \rightarrow \frac{a}{2} = 9{,}9\,m \rightarrow a = 19{,}8\,m$
$\rightarrow M = 522{,}72\,m^2$. Die Dachfläche ist rund 523 m² groß.
b) $h^2 = h_1^2 - \left(\frac{a}{2}\right)^2 \rightarrow h = 8{,}730\ldots\,m \approx 8{,}7\,m \rightarrow V = 1140{,}964\,m^3 \approx 1141\,m^3$

271 a) ca. 116 cm

272 a) $G = \frac{3 \cdot V}{h} \rightarrow G = 15\,m^2$.
Die Grundfläche ist ein regelmäßiges Sechseck, das sich aus sechs gleichseitigen Dreiecken zusammensetzt. Der Flächeninhalt eines solchen Dreiecks ist daher rund 2,5 m² groß.
$A = \sqrt{3} \cdot \frac{a^2}{4} \rightarrow a^2 = \frac{4 \cdot A}{\sqrt{3}} \rightarrow a^2 = 5{,}773\ldots \rightarrow a = 2{,}402\ldots\,m$
Die Grundkanten der Pyramide müssen rund 2,40 m lang sein.
b) Die Seitenkante s, die Körperhöhe h und die halbe Grundflächendiagonale bilden ein rechtwinkliges Dreieck. Die halbe Grundflächendiagonale ist genau so lang wie die Grundkante a.
$s^2 = h^2 + a^2 \rightarrow s \approx 6{,}5\,cm$

273 Ein dreiseitiges Prisma hat das dreifache Volumen einer Pyramide mit inhaltsgleicher Grundfläche und gleicher Höhe.

Merkenswertes
(Seite 69)

Formelsammlung räumliche Geometrie

Quader: Flächendiagonalen: $d_1 = \sqrt{a^2 + b^2}$, $d_2 = \sqrt{a^2 + c^2}$, $d_3 = \sqrt{b^2 + c^2}$
Raumdiagonale: $d = \sqrt{a^2 + b^2 + c^2}$

Würfel: Flächendiagonale: $d_1 = d_2 = d_3 = \sqrt{2} \cdot a$
Raumdiagonale: $d = \sqrt{3} \cdot a$

Prisma: $O = 2 \cdot G + M$, $V = G \cdot h$

Pyramide: $O = G + M$, $V = \frac{1}{3} \cdot G \cdot h$

Dichte von Körpern: $\rho = \frac{m}{V}$

Lösungstext: SCHAU GENAU!

J Zylinder, Kegel, Kugel

1 Zylinder
(Seiten 70, 71)

274 **a)** $r = 10\,cm, h = 25\,cm \rightarrow O = 2\pi \cdot 10^2 + 2\pi \cdot 10 \cdot 25 = 2199{,}114\ldots cm^2 \approx 2199\,cm^2$
b) $V = \pi \cdot 10^2 \cdot 25 = 7853{,}981\ldots cm^3 = 7{,}853\ldots dm^3 \approx 0{,}00785\,m^3$
c) $m = V \cdot \varrho = 0{,}00785\ldots \cdot 450 = 3{,}534\ldots kg \approx 3{,}5\,kg$

275 $r = 9\,cm \rightarrow V = 8906{,}415\ldots cm^3 = 8{,}906\ldots dm^3 = 8{,}906\ldots$ Liter.
Das Glasgefäß fasst rund 8,9 Liter.

276 **a)** $r = 0{,}4\,m$, Höhe des Wasserzylinders $h = 0{,}7\,m$
$V = 0{,}35185\ldots m^3 = 351{,}85\ldots dm^3 = 351{,}85\ldots$ Liter ≈ 3,52 hLiter
b) Bestrichene Fläche: je zweimal Grundfläche und Mantelfläche
$\rightarrow A = 8{,}042\ldots m^2 \approx 8{,}0\,m^2$

277 $h = \frac{V}{(\pi \cdot r^2)} \rightarrow h = 2{,}099\ldots cm \approx 2{,}1\,cm$

278 $r^2 = \frac{V}{(\pi \cdot h)} \rightarrow r = \sqrt{\frac{V}{(\pi \cdot h)}} \rightarrow r = 3{,}498\ldots cm \approx 3{,}5\,cm$

279 Masse: ca. 7,6 kg

280 $1347\,m^3$

281 $\frac{3}{4}$ Liter = 0,75 Liter = $0{,}75\,dm^3 = 750\,cm^3$
$d = 12{,}4\,cm \rightarrow r = 6{,}2\,cm \rightarrow h = 6{,}210\ldots cm \approx 6{,}2\,cm$

282 **a)** **1)** $M_1 = 2\pi \cdot r_1 \cdot h_1 = 2\pi \cdot r \cdot 2 \cdot h = 4\pi \cdot r \cdot h = 2 \cdot M$
Die Mantelfläche wird doppelt so groß.
2) $V_1 = \pi \cdot r_1^2 \cdot h_1 = \pi \cdot r^2 \cdot 2 \cdot h = 2 \cdot \pi \cdot r^2 \cdot h = 2 \cdot V$
Das Volumen wird doppelt so groß.
b) **1)** $M_2 = \pi \cdot 2 \cdot r_2 \cdot h_2 = 2 \cdot 2 \cdot \pi \cdot r \cdot h = 4 \cdot \pi \cdot r \cdot h = 2 \cdot M$
Die Mantelfläche wird doppelt so groß.
2) $V_1 = \pi \cdot r_2^2 \cdot h_2 = (2 \cdot r)^2 \cdot \pi \cdot h = 4 \cdot \pi \cdot r^2 \cdot h = 4 \cdot V$
Das Volumen wird viermal so groß.
c) **1)** $M_2 = 2 \cdot \pi \cdot r_3 \cdot h_3 = 2 \cdot 2 \cdot r \cdot \pi \cdot 2 \cdot h = 8 \cdot \pi \cdot r \cdot h = 4 \cdot M$
Die Mantelfläche wird viermal so groß.
2) $V_1 = \pi \cdot r_3^2 \cdot h_3 = \pi \cdot (2 \cdot r)^2 \cdot 2 \cdot h = 8 \cdot r^2 \cdot \pi \cdot h = 8 \cdot V$
Das Volumen wird achtmal so groß.

283 **1)** ca. $294\,cm^2$ **2)** ca. $0{,}88\,g/cm^3$

2 Kegel
(Seiten 71, 72)

284 **a)** $r = 6{,}5\,cm \rightarrow V = 690{,}207\ldots cm^3 \approx 690\,cm^3$
b) $s = 16{,}9\,cm \rightarrow M = 345{,}103\ldots cm^2 \approx 345\,cm^2$
c) $O = G + M = 477{,}836\ldots cm^2 \approx 478\,cm^2$

285 **1)** $O = \pi \cdot 10 \cdot 10{,}5^2 + \pi \cdot 10{,}5 \cdot 27{,}3 = 1246{,}898\ldots cm^2 \approx 1247\,cm^2$
2) Zum Berechnen des Rauminhalts benötigst du noch die Höhe des Kegels. Nach dem Satz des Pythagoras gilt:
$h = \sqrt{s^2 - r^2} = \sqrt{27{,}3^2 - 10{,}5^2} = 25{,}2\,cm \rightarrow V = 2909{,}428\ldots cm^3 \approx 2909\,cm^3$

286 **a)** $r = 6{,}2\,cm, h_Z = 6{,}4\,cm, h_K = 13{,}8\,cm$
$V_Z = 772{,}882\ldots cm^3, V_K = 555{,}508\ldots cm^3$
$\rightarrow V = 1328{,}391\ldots cm^3 = 1{,}328\ldots dm^3 \approx 1{,}33$ Liter
Das Gefäß fasst rund 1,33 Liter.
b) Die zu lackierende Fläche A ist so groß wie die Mantelfläche des Zylinders und die Mantelföche des Kegels zusammengenommen:
$s = 15{,}128\ldots cm \quad M_Z = 249{,}316\ldots cm^2, M_K = 294{,}676\ldots cm^2$
$\rightarrow A = 543{,}993\ldots \approx 544\,cm^2$
Es sind rund $544\,cm^2$ zu lackieren.

287 $V = \frac{\pi \cdot r^2 \cdot h}{3} \rightarrow h = \frac{V \cdot 3}{(\pi \cdot r^2)} \rightarrow h = 3{,}819\ldots m \approx 3{,}82\,m$

288 Da das Produkt $\pi \cdot h$ etwas mehr als 3 ergibt und $V = \frac{\pi \cdot r^2 \cdot h}{3}$ den Zahlenwert 1 haben soll, muss r^2 etwas kleiner als 1 sein. Daher ist auch r kleiner als 1 m und der Durchmesser knapp weniger als 2 m.
$V = \frac{\pi \cdot r^2 \cdot h}{3} \rightarrow r^2 = \frac{V \cdot 3}{(\pi \cdot h)} \rightarrow r^2 = 0{,}954\ldots \rightarrow r = 0{,}9772\ldots m \rightarrow d \approx 1{,}95\,m$

289 1. Platz (5 kg): ≈ 19 cm 2. Platz (4 kg): ≈ 15 cm 3. Platz (3 kg): ≈ 11 cm

290 $h = 2\,cm$.

291 1B (cm^3), 2A (mm^3), 3E (dm^3), 4B (m^3)

3 Kugel
(Seiten 73, 74)

292 $r = 4{,}2\,cm \rightarrow O = 4\pi \cdot 4{,}2^2 = 221{,}67\,cm^3 \approx 222\,cm^3$,
$V = \frac{4\pi}{3} \cdot 4{,}2^3 = 310{,}339\ldots cm^3 \approx 310\,cm^3 = 0{,}31\,dm^3 = 0{,}000\,31\,m^3$
$\rightarrow m = V \cdot \varrho \approx 0{,}124\,kg \approx 12{,}4\,dag$

293 NEIN
a) $r_1 = 5\,cm \rightarrow r \cdot 2 = 10\,cm \rightarrow O_1 \approx 314\,cm^2, O_2 \approx 1257\,cm^2$;
$V_1 \approx 524\,cm^3, V_2 \approx 4189\,cm^3$ Marvins Behauptung ist falsch.
b) $O_2 = 4 \cdot \pi \cdot r_2^2 = 4 \cdot \pi \cdot (2 \cdot r_1)^2 = 16 \cdot \pi \cdot r_1^2 = 4 \cdot O_1$
Die Oberfläche wird viermal so groß.
$V_2 = \frac{32 \cdot \pi}{3} \cdot r_1^3 = 8 \cdot V_1$ Das Volumen wird achtmal so groß.

294 **a)** $O \approx 12{,}6\,m^2$ $V \approx 4{,}2\,m^3$
b) $r \approx 28{,}2\,cm$ $V \approx 94{,}0\,dm^3$
c) $r \approx 62{,}0\,cm$ $O \approx 4{,}8\,m^2$

295 **a)** ca. $2827\,cm^2$ **b)** 2686 Spiegel

296 um ca. 841 %

297 Volumen = Masse durch Dichte = $4\,kg : 7870\,kg/m^3 \rightarrow$
$V = 0{,}000\,508\ldots m^3; r^3 = \frac{3V}{4\pi} \rightarrow r = \sqrt[3]{\frac{3V}{4\pi}} \rightarrow r = 0{,}04950\ldots m \approx 4{,}95\,cm$
Die 4 kg-Eisenkugel hat einen Durchmesser von rund 9,9 cm.

298 Das Volumen verachtfacht sich, die Oberfläche vervierfacht sich.

299 Für das Volumen der Flaschen muss man jeweils das Volumen von Zylinder und Halbkugel addieren.
$r_1 = 4\,cm \quad h_1 = 8\,cm \rightarrow V_1 = V_Z + V_{HK} = \pi \cdot 4^2 \cdot 8 + \frac{1}{2} \cdot \frac{4\pi}{3} \cdot 4^3 = 536{,}165\ldots cm^3$
$\approx 536\,cm^3$
$r_2 = 2\,cm \quad h_2 = 20\,cm \rightarrow V_2 = V_Z + V_{HK} = \pi \cdot 2^2\ 20 + \frac{1}{2} \cdot \frac{4\pi}{3} \cdot 2^3 = 268{,}082\ldots cm^3$
$\approx 268\,cm^3$
Die Flasche 1 fasst mehr Inhalt.
Zum Ermitteln des Materialverbrauchs benötigt man jeweils die Grundfläche und die Mantelfläche des Zylinders sowie die halbe Oberfläche der Kugel.
$A = G_Z + M_Z + \frac{1}{2} \cdot O_K = \pi \cdot r^2 + \pi \cdot d \cdot h + \frac{1}{2} \cdot 4\pi \cdot r^2$
$A_1 = \pi \cdot 4^2 + \pi \cdot 8 \cdot 8 + \frac{1}{2} \cdot 4\pi \cdot 4^2 = 351{,}858\ldots cm^2 \approx 352\,cm^2$
$A_2 = \pi \cdot 2^2 + \pi \cdot 4 \cdot 20 + \frac{1}{2} \cdot 4\pi \cdot 2^2 = 289{,}026\ldots cm^2 \approx 289\,cm^2$
Die Flasche 1 benötigt mehr Material.

300 C A B D

Merkenswertes
(Seite 75)

A Zylinder
Für den Zylinder gilt wie für das Prisma „Volumen = Grundfläche mal Höhe" ($V = G \cdot h$). Da die Grundfläche des Zylinders ein Kreis ist, folgt für sein Volumen die Formel $V = \pi \cdot r^2 \cdot h$. Für die Oberfläche des Zylinders gilt:
Oberfläche = 2 mal Grundfläche plus Mantel ($O = 2 \cdot G + M$)
Denkt man sich den Mantel des Zylinders in der Ebene ausgebreitet, so entsteht ein Rechteck, dessen eine Seite genau so lang wie der Umfang der Grundfläche (u_G) und dessen andere Seite genau so lang wie die Höhe (h) des Zylinders ist.
Es gilt: $M = u_G \cdot h$
Da $u_G = 2 \cdot \pi \cdot r$ ist, folgt für $M = 2 \cdot \pi \cdot r \cdot h$ und für $O = 2 \cdot \pi \cdot r^2 + 2 \cdot \pi \cdot r \cdot h$.

B Kegel
Das Volumen des Kegels wird wie das der Pyramide mit der Formel $V = \frac{G \cdot h}{3}$ berechnet („Volumen = Grundfläche mal Höhe durch 3").
Da die Grundfläche des Kegels ein Kreis ist folgt $V = \frac{\pi \cdot h}{3} \cdot r^2$.
Die Oberfläche des Kegels setzt sich aus der Grundfläche und dem Mantel zusammen. Der ausgebreitete Mantel des Kegels stellt einen Kreissektor dar, dessen Radius der Länge der Mantellinie s und dessen Bogenlänge dem Umfang u_G der Grundfläche entspricht. Da der Flächeninhalt eines Kreissektors mit $A = \frac{b \cdot r}{2}$ berechnet werden kann, ergibt sich für den Mantel des Kegels $M = \frac{2 \cdot \pi \cdot r \cdot s}{2} = \pi \cdot r \cdot s$ und für die Oberfläche $O = \pi \cdot r^2 + \pi \cdot r \cdot s$.

C Kugel
Das Volumen der Kugel wird mit $V = \frac{4\pi r^3}{3}$ und ihre Oberfläche mit $O = 4 \cdot \pi \cdot r^2$ berechnet.

Lösungswort: Fussballnationalmannschaft

ABSCHLUSSTEST 1

(Seite 76, 77)

301

	Zahl	$\mathbb{N}$	$\mathbb{Z}$	$\mathbb{Q}$	$\mathbb{R}$	$\mathbb{I}$
1)	$3{,}5\cdot10^2$	X	X	X	X	
2)	$(\sqrt{2})^3$				X	X
3)	0	X	X	X	X	
4)	$\sqrt{2}\cdot\sqrt{4}$				X	X
5)	$-\frac{5}{3}$			X	X	
6)	$\sqrt{3}\cdot\sqrt{27}$	X	X	X	X	
7)	$0{,}\overline{134}$			X	X	
8)	$\sqrt[3]{10}$			X	X	

302 **a)** $\frac{7(a-b)}{24(a+b)}$ $a \neq \pm b$ **b)** $\frac{1-ab}{ab}$ $a, b \neq 0;\ a \neq \pm b$

303 $8(x+5) > 100 \rightarrow x > 7{,}5$

304 **a)** Die Ballonfahrt dauert 9 h 45 min.
b) um 14:30 Uhr
c) zwischen 10:45 Uhr und 12:00 Uhr
d) zwischen 17:45 Uhr und 18:00 Uhr
e) Er sank um 150 m.

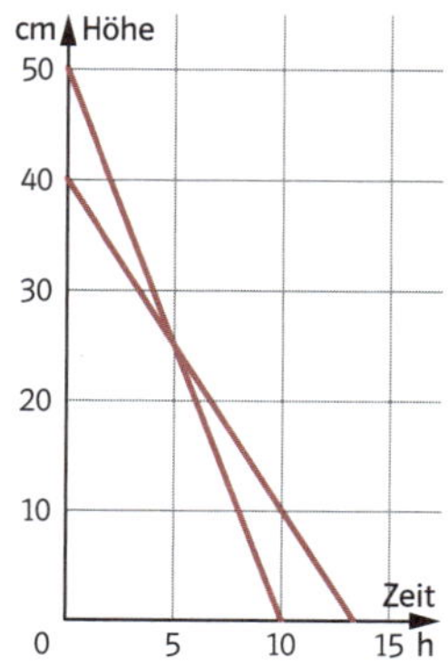

305 **1)** $h_1(t) = 50 - 5t$, $h_2(t) = 40 - 3t$
2) Die Kerzen sind nach 5 Stunden gleich lang.

306 I: $x + y = 8\,490$
II: $18x + 12y = 121\,434$ $x = 3\,259$, $y = 5\,231$
3 259 Sitzplatz-, 5 231 Stehplatzkarten

307 $m = 0{,}42$ m, $e = 2{,}40$ m, $f = 1{,}80$ m, $A = 2{,}16$ m²

308 Körperhöhe h; Begründung: Die Seitenflächenhöhe h_1 ist Hypotenuse eines rechtwinkligen Dreiecks, dessen eine Kathete durch die Körperhöhe h gebildet wird, und dessen andere Kathete genau so lang wie die halbe Grundkante a ist („Längsschnitt").

309 **a)** **1)** $A_1 = 25\,446{,}90\ldots$ cm² $\approx 2{,}545$ m², **2)** $A_2 = 43\,446{,}90$ cm² $= 4{,}345$ m²
b) $G = A_1$ (2,545 m²), $W = A_{Zwischenplatte}$ (1,80 m²), $p\% = 70{,}726\ldots\%$
oder: $G = A_1$ (2,545 m²), $W = A_2$ (4,345 m²), $p\% = 170{,}726\ldots\%$
Die Tischplatte wird um ca. 71 % größer.
c) $G = u_{Kreis}$ (5,65 m), W = 2mal Breite der Zwischenplatte (2,00 m), $p\% = 35{,}36\ldots\%$. Der Umfang der Tischfläche wird um ca. 35 % größer.

310 **a)** $O = 4\cdot\pi\cdot r^2 \rightarrow r^2 = \frac{O}{(4\cdot\pi)} \rightarrow r_A \approx 28{,}2$ cm $(28{,}209\ldots)$
Der äußere Radius beträgt rund 28,2 cm.
b) $r_i = 26{,}209\ldots$ cm $\rightarrow V_i = 75\,416\ldots$ cm³ $= 75{,}4\ldots$ dm³ $\approx 75{,}4$ Liter.
Die Hohlkugel hat innen einen Rauminhalt von rund 75,4 Liter.

311 **1)** Zug 1 hat einen längeren Aufenthalt. Zug 2 überholt hier Zug 1.
2) in Jenbach, 34 km von Innsbruck entfernt
3) 1. Zug: rund 100 km/h, 2. Zug: rund 140 km/h
4) Er braucht rund 110 Minuten.

312 **1)** rund 2,25
2) Der Median (= 2) und das arithmetische Mittel sind sinnvoll und abhängig von der Fragestellung:
Der Median beantwortet die Frage nach der gängigsten Haushaltsgröße, das arithmetische Mittel berücksichtigt unterschiedliche Haushaltsgrößen.

314 $x > 4{,}25$; Tests: $x = 4$: $9 > 10\frac{2}{3}$ f. A.
$x = 5$: $18 > 13$ w. A.

315 $x = 4$; Probe: $\frac{35}{24}$; $x \neq 0, 2, -2$

316 $1300 + 1{,}7x > 3{,}3x \rightarrow x < 812{,}5$
Bis zu einer Stückzahl von 812 Lampen ist Angebot 2 günstiger.

317 **a)** 1100 m
b) 1C, 2A, 3B
c) zB: Auf dem Schulweg holt Valentin seinen Mitschüler Sebastian ein. Gemeinsam mit ihm geht er ein Stück langsamer. Als sie bemerken, wie spät es schon ist, gehen sie flotter weiter.

318 **a)**

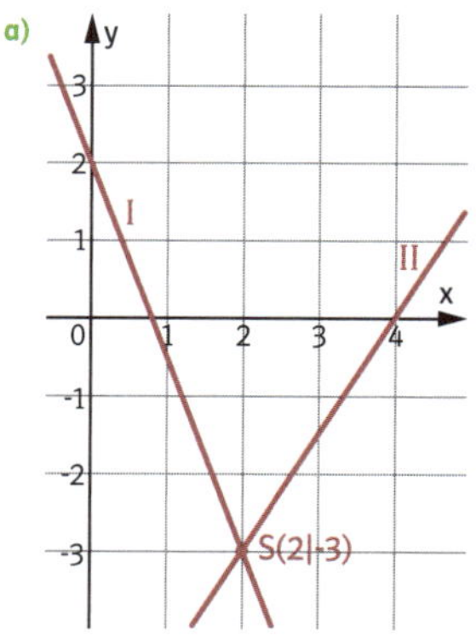

L(2 | −3)

b) Das Gleichungssystem hat eine Lösung – die Geraden schneiden einander.
Das Gleichungssystem hat keine Lösung – die Geraden sind parallel.
Das Gleichungssystem hat unendlich viele Lösungen – die Geraden sind zusammenfallend (identisch).
c) zB: $2{,}5x + y = 4$

319 $a = 23{,}2$ cm; $c = 5{,}8$ cm

320 Als erster Schritt eignen sich $h^2 = b^2 - q^2$ und $c = \frac{b^2}{q}$.
Aus $h^2 = b^2 - q^2$ erhält man h; aus $h^2 = p\cdot q$ erhält man $p = \frac{h^2}{q}$; weiter mit $c = p + q$ und $a^2 = c^2 - b^2$ oder mit $a^2 = h^2 + p^2$ und $c^2 = a^2 + b^2$.
Aus $c = \frac{b^2}{q}$ erhält man c; weiter mit $a^2 = c^2 - b^2$.

321 **a)** Zielführend ist nur Rechengang **C**
A nicht zielführend, weil: $A \neq 3\cdot a$, daher ist $a \neq A : 3$; $u = 3\cdot a$ und nicht $A = 3\cdot a$
B nicht zielführend, weil: In $h = \frac{2\cdot A}{a}$ ist a unbekannt.
b) $a = 29{,}013\ldots$ cm $\rightarrow h = 25{,}126\ldots \approx 25{,}1$ cm

322 **a)** Der ganze Kreis mit dem Flächeninhalt $A = \pi\cdot r^2$ entspricht einem Kreissektor mit dem Zentriwinkel von 360°.
Ein Sektor mit einem Zentriwinkel von 1° hat daher den Flächeninhalt $A = \frac{\pi\cdot r^2}{360}$.
Beträgt der Zentriwinkel 2°, 3°, … α°, so muss dieser Wert eben mit 2, 3 … α multipliziert werden.
$\rightarrow A = \frac{\pi\cdot r^2\cdot\alpha}{360}$
b) $A = 58{,}130\ldots$ cm² $\approx 58{,}1$ cm² $u = b + 2\cdot r = \frac{\pi\cdot r\cdot\alpha}{180} + 2r$
$\rightarrow u = 30{,}526\ldots$ cm $\approx 30{,}5$ cm

323 $V = \pi\cdot r^2\cdot h = 1{,}3571\ldots$ m³ $= 1357{,}1\ldots$ dm³ (= Liter) $\approx 13{,}57$ hLiter

324 $V = \frac{\pi\cdot r^2\cdot h}{3}$ Aus $\frac{\pi\cdot r^2\cdot h}{3} = 100\cdot\pi$ folgt: $r^2\cdot h = 300$ m³
Es gibt folgende (ganzzahligen) Möglichkeiten für die Werte von r und h:
r = 1 m, h = 300 m oder r = 2 m, h = 75 m oder r = 5 m, h = 12 m oder r = 10 m, h = 3 m

325

	Minimum	Maximum	Median $= q_2$	q_1	q_3
a)	300 h	1600 h	1200 h	800 h	1400 h
b)	1000 h	1500 h	1300 h	1100 h	1400 h
c)	0 h	2000 h	1000 h	500 h	1500 h
d)	0 h	1500 h	1000 h	0 h	1300 h
	Beurteilung der Glühbirne				
a)	gute Glühbirne; i. A. lange Lebensdauer				
b)	planbare lange Lebensdauer; geringe Streuung				
c)	unsichere Lebensdauer; symmetrische Verteilung				
d)	billige Ware; große Streuung; kurze Lebensdauer				

ABSCHLUSSTEST 2

(Seite 78, 79)

313

		richtig	falsch
1)	$\sqrt{169-25} = 13 - 5 = 8$		X
2)	$\sqrt{144+256} = \sqrt{400} = 20$	X	
3)	$\sqrt{256} = \sqrt{16\cdot16} = 4\cdot4 = 16$	X	
4)	$\sqrt{9000\cdot a^2} = 30\cdot a$		X
5)	$\sqrt{54} = \sqrt{9\cdot6} = 3\cdot6 = 18$		X
6)	$\sqrt{98} = \sqrt{49\cdot2} = 7\cdot\sqrt{2}$	X	
	Richtigstellung		
1)	$\sqrt{169-25} = \sqrt{144} = 12$		
4)	$\sqrt{9000\cdot a^2} = \sqrt{900\cdot10\cdot a^2} = 30\cdot a\cdot\sqrt{10}$		
5)	$\sqrt{54} = \sqrt{9\cdot6} = 3\cdot\sqrt{6}$		

Schreibe den Text der Aufgaben 160–165 zunächst in Form von zwei Gleichungen! Löse dann das Gleichungssystem! Überprüfe, ob die Lösung des Gleichungssystems auch Lösung der Textaufgabe ist und schreibe einen Antwortsatz!

160 Klara und ihre Klassenkameradinnen organisieren an ihrer Schule eine Spendenaktion und möchten möglichst viele 1-Euro-Münzen und 2-Euro-Münzen sammeln. Insgesamt konnten 420 Münzen gesammelt werden. Sie freuen sich über ein Spendenergebnis von 600 €. Wie viele 1-Euro-Münzen und wie viele 2-Euro-Münzen wurden gesammelt?

I: Lösung:

II:

Antwort: ______________________________

161 110 Freilandeier sollen in Kartons zu 6 und 10 Stück verpackt werden. Es sollen doppelt so viele Sechserpackungen wie Zehnerpackungen entstehen. Berechne die Anzahl der benötigten Kartons jeder Sorte!

I: Lösung:

II:

Antwort: ______________________________

162 In einer Jugendherberge können 145 Jugendliche in 35 Zimmern übernachten. Es gibt nur Dreibett- und Fünfbettzimmer. Wie viele Zimmer von jeder Art gibt es in der Jugendherberge?

I: Lösung:

II:

Antwort: ______________________________

163 Ein Boot erreicht flussabwärts eine Geschwindigkeit von 4 m/s, flussaufwärts bei gleichbleibender Strömung dagegen nur 1,5 m/s. Berechne die Eigengeschwindigkeit des Bootes und die Strömungsgeschwindigkeit des Flusses!

I:

II:

Lösung:

Antwort: ______________________________

164 Maria und Mario pflücken in ihrem Garten einige Marillen. Mario sagt zu Maria: „Wenn du mir eine Marille gibst, dann haben wir beide gleich viele gepflückt." Maria erwidert: „Wenn du mir eine Marille gibst, dann habe ich doppelt so viele gepflückt wie du." Wie viele Marillen hat Maria gepflückt, wie viele Mario?

I: Lösung:

II:

Antwort: ______________________________

165 Zwei Zahlen verhalten sich wie 2 : 5. Addiert man zur ersten Zahl 5 und zur zweiten Zahl 2, so ist das Verhältnis der neuen Zahlen 5 : 9. Berechne die beiden ursprünglichen Zahlen!

I: Lösung:

II:

Antwort: ______________________________

166 Der Umfang eines Rechtecks beträgt 118 cm. Der Flächeninhalt wird um 130 cm² größer, wenn die eine Seite um 21 cm verlängert und die andere Seite um 4 cm verkürzt wird.
Berechne den Flächeninhalt beider Rechtecke, indem du ein Gleichungssystem aufstellst!

I: ______ Lösung: ______

II: ______

Antwort: ______

167 Verwende das vereinfachte mathematische Modell einer gleichförmigen Bewegung mit einer konstanten Geschwindigkeit.
Es gilt: Weg s = Geschwindigkeit v mal Zeit t, $s = v \cdot t$
Ein Autofahrer fährt um 12:00 Uhr auf der Autobahn von Linz Richtung Wien mit einer Geschwindigkeit von 100 km/h ab. Ein zweiter Autofahrer startet um 12:15 Uhr und fährt dem ersten mit 120 km/h hinterher.

a) Berechne, wann und wo holt das zweite Auto das erste ein?

______

______

______

b) Stelle die beiden Fahrten im Diagramm dar und gib die Koordinaten des Schnittpunktes an, um deine Berechnungen zu kontrollieren!

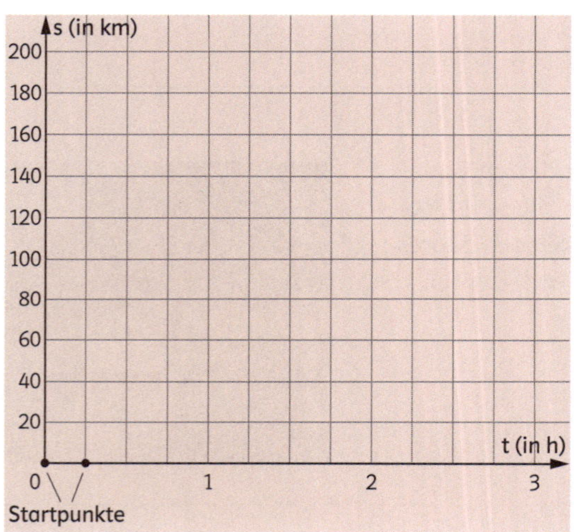

S = ______

168 An einem Skikurs nehmen insgesamt 25 Schüler und Schülerinnen teil. Es fahren x Mädchen und y Burschen mit.
Die Mädchen schlafen in 3-Bett-Zimmern, die Burschen in 4-Bett-Zimmern. Es gibt 7 Zimmer, alle Betten werden belegt.

1) Mit welchen zwei Gleichungen kann berechnet werden, wie viele Burschen bzw. Mädchen mitfahren? Kreuze an!

- ○ **A** $x + y = 7$
- ○ **B** $x + y = 25$
- ○ **C** $3x + 4y = 7$
- ○ **D** $\frac{x}{3} + \frac{y}{4} = 7$
- ○ **E** $\frac{x}{3} + \frac{y}{4} = 25$

2) Löse das Gleichungssystem mit diesen beiden Gleichungen.
Wie viele Mädchen bzw. Burschen nehmen am Skikurs teil?

Am Skikurs nehmen ______ Mädchen und ______ Burschen teil.

169 Ein Fußgänger legt in einer Stunde eine Wegstrecke von 5 km zurück. Er geht um 6 Uhr von Mürzzuschlag weg in Richtung Neuberg an der Mürz, das 11 km von Mürzzuschlag entfernt ist. Um 7 Uhr fährt ihm ein Mopedfahrer, der mit 19 km/h fährt, von Neuberg aus entgegen.

a) Wann und in welcher Entfernung von Neuberg trifft der Mopedfahrer den Fußgänger?

b) Trage die beiden Bewegungen in das Diagramm ein und überprüfe so deine Rechnung! (Die Startpunkte sind bereits eingetragen.)

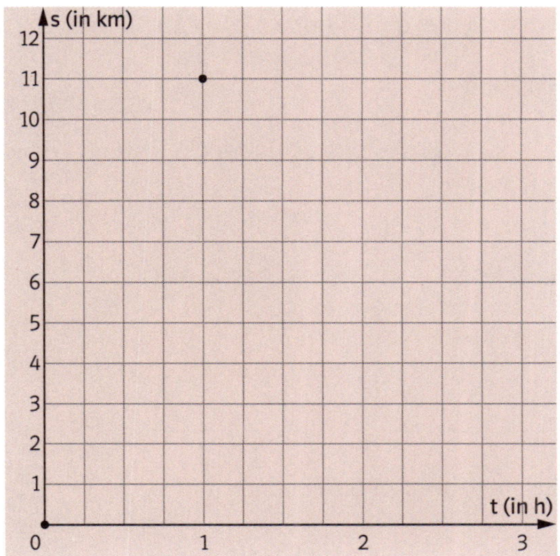

170 Berechne den Alkoholgehalt in Prozent einer Mischung von 40 Liter 55 %igem Alkohol und 70 Liter 60 %igem Alkohol!

1. Gleichung, Flüssigkeit: x + y = Liter

2. Gleichung, Alkoholgehalt: x · + y · = · p

p =

171 Aus 300 kg einer 18 %igen Sole soll eine 12 %ige Sole hergestellt werden.
Berechne, wie viel Liter (= Kilogramm) Wasser dieser Sole hinzugefügt werden muss!

Salzmenge: = kg

zugefügtes Wasser: x Liter Gesamtmasse: kg

= 0,12 · ( )

Salzmenge = 12 % der Gesamtmasse

x = kg

172 Auf der Autobahn ist ein Raser mit 180 km/h unterwegs. 3 Kilometer dahinter nimmt ein Polizeiauto mit 210 km/h die Verfolgung auf. Nach welcher Zeitspanne und nach wie viel Kilometern holt die Polizei den Raser ein, wenn beide ihre Geschwindigkeit nicht ändern? Löse nun die Aufgabenstellung graphisch!
Rechne die Geschwindigkeiten in km/min um, indem du die Kilometerzahl durch 60 dividierst!

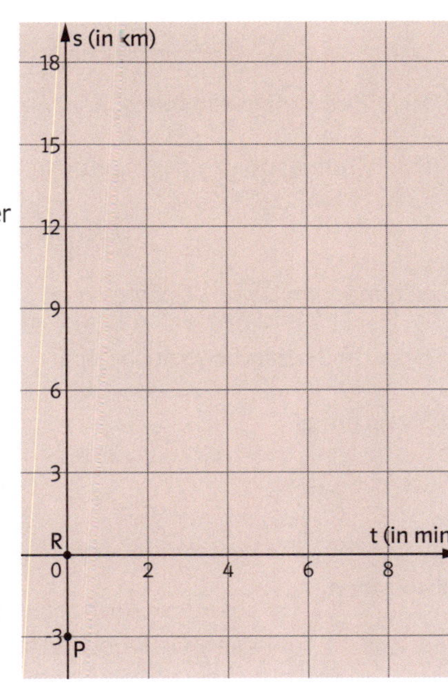

Antwort: Der Raser wird nach km (min) von der Polizei eingeholt.

Merkenswertes

Wähle zum Füllen der Lücken aus den rechts stehenden Wörtern die passenden aus! Trage die Wortteile in der Reihenfolge der Lücken in den Lösungstext ein! Es ensteht ein Zitat von Konfuzius.

A Eine lineare Gleichung mit zwei Variablen

Eine lineare Gleichung mit zwei ______ x und $y \in \mathbb{R}$ hat die Form $ax + by = c$. $(a, b, c \in \mathbb{R})$

Eine solche Gleichung besitzt unendlich viele Lösungen. Das sind ______ Zahlenpaare $(x|y)$, die die Gleichung erfüllen. Die ______ Darstellung der Lösungsmenge einer linearen Gleichung mit zwei Variablen ist eine ______. Es sind folgende ______ möglich: Die Gerade ist eine Parallele zur ______ (zB $5y = 25$) oder sie ist eine Parallele zur ______ (zB $4x = 12$ ist keine ______!)

Funktion	EES
geordnete	EESM
Gerade	NDI
graphische	IRU
Sonderfälle	CHV
Variablen	SAG
x-Achse	ERG
y-Achse	ESS

B Zwei lineare Gleichungen mit zwei Variablen

Ein lineares ______ besteht zumindest aus zwei linearen Gleichungen mit zwei Variablen. Ein solches System hat im Allgemeinen ein ______ Zahlenpaar als Lösung (die Geraden haben dann genau einen ______). Es kommt aber auch vor, dass zwei Gleichungen mit zwei Variablen unendlich viele ______ oder ______ Lösung haben. Unendlich viele Lösungen: Die Gleichungen sind ______ und die zugehörigen Geraden sind ______. Sie haben daher unendlich viele ______ gemeinsam. Das Gleichungssystem besteht eigentlich nur aus ______ linearen Gleichung mit zwei Variablen.

Keine Lösung: Die Geraden sind ______ und haben daher ______ Schnittpunkt. Das Gleichungssystem hat keine ______. $L = \{\}$

äquivalent	HER
einer	ICHL
einziges	GEE
gar keine	DIC
Gleichungssystem	ZEI
keinen	SMICH
Lösung	TUNU
Lösungen	RUN
parallel	ASSE
Punkte	EREM
Schnittpunkt	SMI
zusammenfallend	INN

C Verfahren zur Lösung eines Gleichungssystems

Für viele Aufgaben ist das graphische Lösungsverfahren nicht gut geeignet. Bei ______ Lösungsverfahren möchte man aus den beiden Gleichungen mit zwei Variablen eine Gleichung mit einer Variablen erhalten.

Drei Methoden sind gebräuchlich:

1) Einsetzungs______, 2) ______verfahren, 3) ______ (Subtraktions-, ______verfahren)

Additions-	ES
Eliminationsverfahren	LTE
Gleichsetzungs	EHA
verfahren	CHB
rechnerischen	NDI

Lösungstext

„_ _ _ _   _ _   _ _ _,   _ _ _   _ _ _   _ _ _ _ _ _ _ _ _ _   _ _;

_ _ _ _ _ _   _ _   _ _ _,   _ _ _   _ _ _   _ _ _ _ _ _ _ _ _ _   _ _ _ _;

_ _ _ _   _ _   _ _ _ _   _ _ _,   _ _ _   _ _ _   _ _ _ _ _ _ _ _ _   _ _!“

1 Mittelwerte

173 Bei einem Test konnten höchstens 48 Punkte erreicht werden.
Die Ergebnisse von 20 Arbeiten (gereiht nach fallender Punktezahl) lauten:
48, 48, 47, 44, 44, 44, 42, 41, 40, 38, 38, 36, 31, 30, 29, 29, 22, 20, 10, 8
Wie lautet **1)** das arithmetische Mittel, **2)** der Median, **3)** der Modus dieser Ergebnisse?

1) ______ **2)** ______ **3)** ______

174 In einer kleinen Firma finden Lohnverhandlungen statt. Folgende Nettolöhne werden derzeit im Monat ausbezahlt: 1100 €, 1100 €, 1270 €, 1340 €, 1420 €, 1470 €, 1550 €, 4390 €

1) Berechne! arithmetisches Mittel: ______ Median: ______ Modus: ______

2) Welchen Mittelwert wird der Betriebsrat zur Argumentation für eine Lohnerhöhung anführen, ______

welchen die Betriebsleitung, die der Meinung ist, dass die Höhe der Löhne passt? ______
Begründe deine Entscheidungen!

______

3) Welchen Mittelwert hältst du als neutraler Beobachter für den aussagekräftigsten? Begründe!

______

______

175 Beatrix und Christoph vergleichen die Punktezahlen ihrer Mathematikschularbeiten.
1) Wer hat besser abgeschnitten? Bestimme dazu das arithmetische Mittel, den Median und den Modus! Trage diese Werte in der Tabelle ein!

	Schularbeitsnoten	arithmetisches Mittel	Median	Modus
Beatrix	24 20 12 12 18 22			
Christoph	20 17 19 20 19 13			

Wer hat dem arithmetischen Mittel entsprechend besser abgeschnitten? ______

Wer hat dem Median entsprechend besser abgeschnitten? ______

Wer hat dem Modus entsprechend besser abgeschnitten? ______

2) Kann mit Hilfe dieser Kennzahlen eindeutig gesagt werden, wer besser abgeschnitten hat? Begründe!

______

176 Acht Freunde vergleichen ihre Geometriehausübung durch Nachmessen eines bestimmten Winkels.
Sie messen: 38°, 39°, 38°, 37°, 39°, 142°, 38°, 37°
1) Ermittle den Median und den Modus! Median: ______

Modus: ______

2) Warum ist das arithmetische Mittel hier völlig ungeeignet? ______

Erkläre, welcher Fehler hier offensichtlich passiert ist! ______

177 Kreuze an, was zutrifft!

	nie	manchmal	immer
Das arithmetische Mittel ist ein Wert der Datenliste.	○	○	○
Der Modus ist ein Wert der Datenliste.	○	○	○
Der Median ist ein Wert der Datenliste.	○	○	○

178 Gegeben ist folgende Datenreihe: 25, 26, 27, 28, 29, 30, 31, 32, 33, 35
Wie ändern sich das arithmetische Mittel und der Median, wenn die Zahl 35 durch 135 ersetzt wird?
Kreuze die richtige Antwort an – ohne zu rechnen – und begründe!

arithmetisches Mittel:	○ wird kleiner	○ bleibt gleich	○ wird größer
Median:	○ wird kleiner	○ bleibt gleich	○ wird größer

Begründung: ______

179 Im Jahr 1886 wurde das Observatorium auf dem Hohen Sonnblick (3106 m) erbaut.
Es ist die höchstgelegene, ganzjährig betriebene Wetterstation der Welt.
Die folgende Tabelle enthält die monatlichen Mittelwerte der täglichen Temperaturmaxima und der täglichen Temperaturminima in °C von 2018/19 (Quelle: ZAMG).
Berechne die Jahresmittelwerte **1)** der Temperaturmaxima, **2)** der Temperaturminima und **3)** der Temperatur als Mittelwert der Mittelwerte von Temperaturmaximum und -minimum!

	I	II	III	IV	V	VI	VII	VIII	IX	X	XI	XII	Jahresmittel
1) Maxima	–12,6	–7	–6,5	–3,6	–3,5	7,2	7,5	7,3	4,3	–0,3	–4,1	–7,9	
2) Minima	–17,6	–11,7	–11,8	–7,6	–6,9	2,2	1,9	2,4	–0,4	–4,4	–7,7	–13	

3) Jahresmitteltemperatur: ______

180 Beim Bogenschießen hat Irene 50mal auf eine einfache Schießscheibe (→ Figur unten) geschossen.
Die Kreise werden mit 3, 2 Punkten bzw. 1 Punkt gewertet, Fehlschüsse mit 0 Punkten. Je weiter in der Mitte man trifft, desto mehr Punkte bekommt man.

1) Ergänze die Tabelle!

	Häufigkeit		
Punktezahl	**absolut**	**relativ**	**prozentuell**
3	5	$\frac{5}{50}$	10 %
2			
1			
0			
Summen			

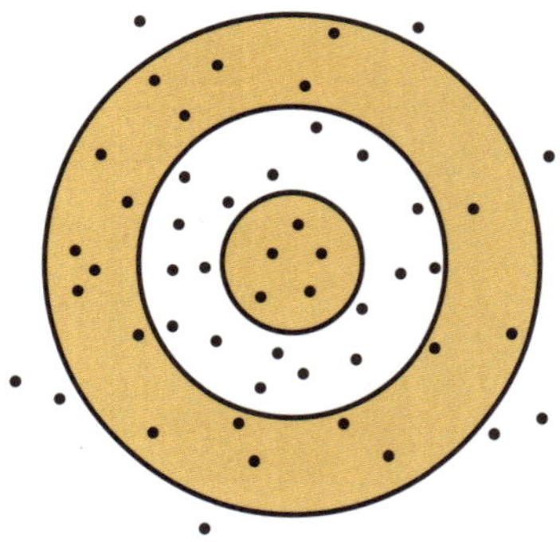

2) Irene möchte wissen, wie viele Punkte sie durchschnittlich pro Schuss erreicht hat. Sie rechnet auf drei verschiedene Arten.
Zeige, wie sie mit diesen drei Möglichkeiten zum gleichen Ergebnis gekommen ist!

1. Sie summiert alle erreichten Punktezahlen und dividiert durch die Anzahl der Schüsse (arithmetisches Mittel).

$$\bar{x} = \frac{(3+3+\ldots 3) + \square}{50} = \square$$

2. Sie rechnet mit den absoluten Häufigkeiten der erreichten Punktezahlen.

$$\bar{x} = \frac{3 \cdot \square + 2 \cdot \square + \square}{50} = \square$$

3. Sie rechnet mit den relativen Häufigkeiten der erreichten Punktezahlen.

$$\bar{x} = 3 \cdot \frac{\square}{\square} + 2 \cdot \frac{\square}{\square} + \square = \square$$

181 Das arithmetische Mittel einer Datenreihe mit 10 Daten hat den Wert 40. Antworte nur mit Kopfrechnen und begründe! Welchen Wert hat das arithmetische Mittel,

a) wenn ein Wert der Datenreihe um 40 verkleinert wird,

b) wenn die Werte 20, 25, 55 und 60 hinzugefügt werden?

182 Bei acht fehlsichtigen Personen wurde die Fehlsichtigkeit des linken und rechten Auges in Dioptrien (linkes Auge | rechtes Auge) gemessen:

$(-3|-3), \left(-2\middle|-2\tfrac{1}{4}\right), \left(-2\middle|-1\tfrac{3}{4}\right), \left(-1\tfrac{1}{2}\middle|-2\right), \left(-\tfrac{3}{4}\middle|1\right), \left(-\tfrac{1}{2}\middle|-1\right), \left(\tfrac{1}{4}\middle|-\tfrac{1}{2}\right), \left(\tfrac{1}{2}\middle|1\tfrac{1}{4}\right)$

Bemerkung: Mit der Einheit Dioptrie wird die Brechkraft des Auges als Kehrwert der Brennweite beschrieben. Positive Dioptriewerte bedeuten Weitsichtigkeit, negative Dioptriewerte Kurzsichtigkeit.

1) Stelle anhand des Medians des linken bzw. rechten Auges fest, ob bei den acht Personen im Durchschnitt das linke Auge oder das rechte Auge stärker fehlsichtig ist!

linkes Auge:

rechtes Auge:

2) Gib auch den Median der Fehlsichtigkeit beider Augen gemeinsam an!

183 Die Tabelle enthält die Reihen, die Anzahl der Sitzplätze und die jeweiligen Preise in einem Kino.

1) Berechne den Durchschnittspreis für einen Sitzplatz in diesem Kino auf Cent genau!

a) im Parterre

b) am Balkon

c) im gesamten Kino

2) Begründe, warum das Ergebnis von c) zwischen den Ergebnissen von a) und b) liegen muss!

	Reihen	Anzahl der Sitzplätze zusammen	Preis
Parterre	1.–2.	24	7 €
	3.–4.	30	8 €
	5.–9.	70	9 €
	10.	14	11 €
	11.–19.	126	10 €
Balkon	1.	14	11 €
	2.–5.	60	10 €

184 Alle Preise im Kino aus Aufgabe 183 werden 1) um 1 €, 2) um 10 % erhöht.
Leon meint, dass sich dadurch auch die Durchschnittswerte, die er in Aufgabe 183 berechnet hat, bei 1) um 1 € und bei 2) um 10 % erhöhen.
Jonathan kommt das zu einfach vor. Er meint, man muss die Durchschnittswerte neu ausrechnen.
Wer hat Recht? Begründe!

185 Die folgende Tabelle zeigt die durchschnittliche Anzahl der Lehrerinnen und Lehrer pro Schule in den einzelnen Bundesländern (für das Schuljahr 2015/16). Berechne daraus die durchschnittliche Anzahl an Lehrerinnen und Lehrern pro Schule für ganz Österreich!

Bundesland	Bgld.	Ktn.	NÖ	OÖ	Sbg.	Stmk.	Tir.	Vbg.	W
Anzahl der Schulen	282	408	1267	1080	400	895	678	290	703
Durchschnittliche Lehrer(innen)anzahl	14,7	19,4	18,0	20,7	22,7	17,8	16,9	23,4	36,7

2 Streumaße

186 Wie lautet die Spannweite der angegebenen Listen? Ordne zu?

1	17, 13, 23, 19, 27, 8, 11, 21, 17, 18, 9	
2	23, 33, 45, 38, 31, 20, 27, 44, 21, 34	
3	86, 73, 82, 71, 67, 83, 68, 85, 66, 84, 70	
4	112, 105, 111, 120, 113, 119, 103, 102	

A	16
B	18
C	19

D	20
E	22
F	25

187 Eine Biologielehrerin gibt in zwei verschiedenen Klassen den gleichen Test und listet die Punktzahlen auf.
4A-Klasse: 10, 12, 14, 14, 15, 15, 17, 17, 18, 19, 19, 19, 20, 20, 20, 20, 21, 21, 21, 24, 24
4B-Klasse: 8, 13, 13, 16, 16, 16, 17, 17, 17, 18, 18, 18, 18, 19, 19, 19, 19, 19, 24

a) Welche Klasse hat im Durchschnitt die bessere Punktezahl erreicht? ____________

b) Welche Klasse hat die geringere Standardabweichung und somit die konstantere Leistung beim Test vorzuweisen? ____________

188 Eine Maschine produziert Bolzen der Soll-Länge 40,0 mm. Eine Stichprobe von 10 Stück lieferte folgende Ist-Längen (in mm):
40,1; 40,2; 40,1; 40,0; 39,8; 40,0; 40,2; 40,0; 40,2; 39,9

1) Berechne das arithmetische Mittel und die Standardabweichung der Bolzenlängen der Stichprobe!

$\bar{x}$ = ____ mm, s = ____

2) Wie viele Bolzen sind zu kurz? ____

Um wie viel Millimeter sind diese im Durchschnitt zu kurz? ____

3) Wie viele Bolzen sind zu lang? ____

Um wie viel Millimeter sind diese durchschnittlich zu lang? ____

4) Wie viel Prozent der Bolzen der Stichprobe sind bei einer Toleranzgrenze von 0,15 mm Ausschuss?

____ %

189 Zwei vierte Klassen hatten am gleichen Tag Englisch-Schularbeit mit den gleichen Aufgabenstellungen. Die bereits geordneten Ergebnisse der Hörübung (in Punkten) in den beiden Klassen sind angegeben:
Klasse A: 1 2 2 2 2 2 2 2 3 3 3 3 3 3 3 3 3 4 4 4 4 4 5 5
Klasse B: 1 1 1 1 1 1 2 2 2 3 3 3 3 3 4 4 4 4 4 5 5 5 5 5

1) Welche Klasse hat bei der Hörübung besser abgeschnitten? Berechne den Median und das arithmetische Mittel $\bar{x}$ der Punkteanzahlen in beiden Klassen! Was bemerkst du?

Klasse A: Median = ____, $\bar{x}$ = ____ Klasse B: Median = ____, $\bar{x}$ = ____ ____________

Gibt es einen Unterschied in den Punkteanzahlen der beiden Klassen? Antworte mit eigenen Worten!

____

2) Um Unterschiede mathematisch zu beschreiben, werden in der Statistik auch Streumaße angegeben.

a) Berechne die durchschnittliche quadrierte Abweichung vom arithmetischen Mittel $\bar{x}$ (die Varianz) der Ergebnisse beider Klassen!

Klasse A: $\frac{(1-3)^2 \cdot 1 + \ldots}{24}$ = ____

Klasse B: ____ = ____

b) Berechne die (Quadrat-)Wurzel aus der Varianz (die Standardabweichung s)!

Klasse A: s = ____ Klasse B: s = ____

Dh: Die Streuung der Punkteanzahl ist in der Klasse B ____ als in der Klasse A.

2 Streumaße 3 Boxplot (Kastenschaubild)

190 Ermittle jeweils die Quartile q_1, q_2 und q_3 und berechne den Quartilsabstand der folgenden Listen.

Liste 1: 10, 15, 27, 36, 45, 52, 67, 73, 81, 99 q_1 = ___, q_2 = ___, q_3 = ___

Liste 2: 113, 115, 119, 125, 129, 140, 145, 147, 149, 151 q_1 = ___, q_2 = ___, q_3 = ___

Liste 3: 1 178, 1 1178, 1 179, 1 181, 1 181, 1 182, 1 184, 1 185, 1 188, 1190 q_1 = ___, q_2 = ___, q_3 = ___

Welche Liste hat den größten und welche Liste hat den kleinsten Quartilsabstand?

---

191 Kreuze die beiden richtigen Aussagen an!

- ○ **A** Das 1. Quartil muss ein Element der Liste sein.
- ○ **B** Eine Liste mit ausschließlich 4-stelligen Werten hat immer einen größeren Quartilsabstand als eine Liste mit nur 2-stelligen Werten.
- ○ **C** Eine Liste mit ausschließlich 4-stelligen Werten hat immer ein größeres 3. Quartil als eine Liste mit nur 2-stelligen Werten.
- ○ **D** Das 2. Quartil muss kleiner als der Median sein.
- ○ **E** Der Quartilsabstand kann gleich der Spannweite sein.

192 Wie lautet der Quartilsabstand der angegebenen Listen? Ordne zu?

1	17, 13, 23, 19, 27, 8, 11, 21, 17, 18, 9	
2	23, 33, 45, 38, 31, 20, 27, 44, 21, 34	
3	86, 73, 82, 71, 67, 83, 68, 85, 66, 84, 70	
4	112, 105, 111, 120, 113, 119, 103, 102	

A	10
B	12
C	13
D	14
E	15
F	16

193 Zwei Klassen vergleichen ihre Ergebnisse des letzten Kängurutests.
Die Punktezahlen der 4A-Klasse lauteten:
92, 91, 81, 74, 72, 68, 66, 66, 66, 65, 64, 63, 61, 60, 59, 57, 55, 53, 52, 45
Das Ergebnis der 4B-Klasse ist als Boxplot dargestellt:

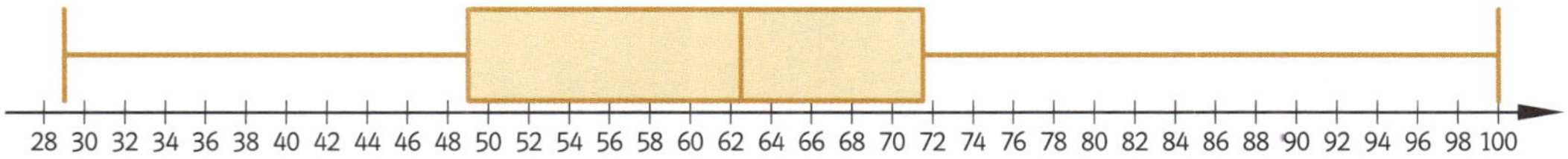

Gib die folgenden Kennzahlen für beide Klassen an und vergleiche sie dann!

4A-Klasse:
- Minimum ___
- q_1 ___
- Median ___
- q_3 ___
- Maximum ___
- arithmetisches Mittel ___
- Spannweite ___
- Quartilsabstand ___
- Standardabweichung ___

4B-Klasse:
- Minimum ___
- q_1 ___
- Median ___
- q_3 ___
- Maximum ___
- arithmetisches Mittel: 61,9
- Spannweite ___
- Quartilsabstand ___
- Standardabweichung: 17,28

194 Eine Klasse absolviert einen Vokabeltest. Die Ergebnisse werden in einem Boxplot dargestellt. Kreuze alle Aussagen an, die zum abgebildeten Boxplot passen!

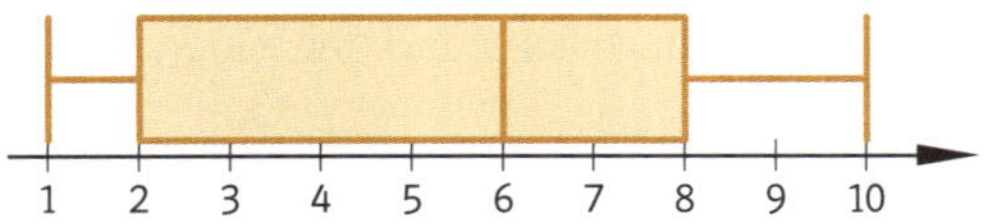

a) ○ **A** Die Spannweite liegt bei 10.
○ **B** Je ca. 50 % der Schüler und Schülerinnen haben höchstens bzw. mindestens 6 Punkte erreicht.
○ **C** Rund 75 % der Schüler und Schülerinnen haben zwischen einem und 10 Punkten erreicht.
○ **D** Der Quartilsabstand beträgt 6.
○ **E** Es gibt mehr Schüler und Schülerinnen, die mehr als 8 Punkte erreicht haben als Schüler und Schülerinnen, die weniger als 2 Punkte erreicht haben.

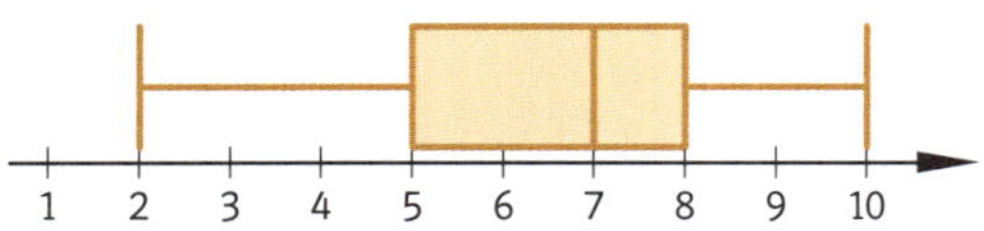

b) ○ **A** Genau ein Schüler oder eine Schülerin hat 10 Punkte erreicht.
○ **B** Mindestens ein Viertel der Schüler und Schülerinnen hat höchstens 5 Punkte erreicht.
○ **C** Rund 50 % der Schüler und Schülerinnen haben zwischen 2 und 8 Punkten erreicht.
○ **D** Die Spannweite beträgt 8.
○ **E** Die meisten Schülerinnen und Schüler haben 7 Punkte erreicht.

195 20 Autos verschiedener Hersteller – aber mit gleicher Motorleistung – wurden von einem Autofahrerklub auf einer 100 km langen Testfahrt hinsichtlich ihres Treibstoffverbrauches getestet. Die Messergebnisse (in Liter) sind:
5,3; 7,2; 8,9; 4,8; 6,6; 7,5; 5,8; 5,7; 9,2; 10,2; 7,6; 6,7; 5,3; 6,4; 8,8; 7,4; 5,8; 6,3; 9,0; 4,9
Bestimme **1)** das Maximum, **2)** das Minimum, **3)** den Median, **4)** q_1 und q_3 und zeichne den zugehörigen Boxplot!

Geordnete Liste: ______________________________

Minimum :		Liter
Maximum :		Liter
q_1 :		Liter
q_2 (Median) :		Liter
q_3 :		Liter

196 Ordne jeder der folgenden Aussagen ihren Boxplot zu!
1) Ungefähr die Hälfte der Werte ist kleiner oder gleich 50. ____
2) Die Verteilung ist symmetrisch. ____
3) Ungefähr die Hälfte der Werte liegt zwischen 50 und 100. ____
4) Die Verteilung ist breit; die Streuung ist groß. ____
5) Ungefähr ein Viertel der Werte liegt zwischen 70 und 110. ____

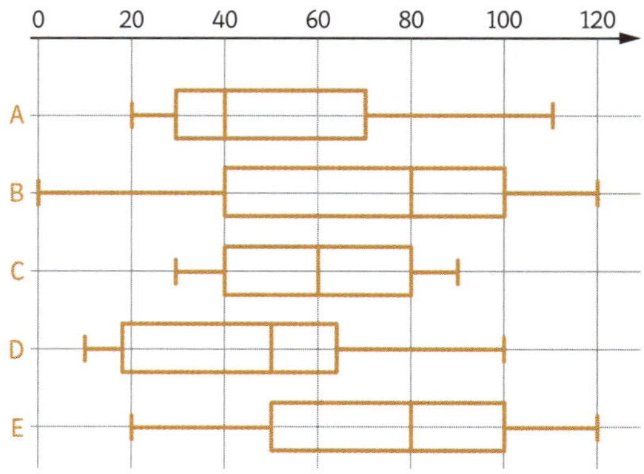

197 Im Jahr 2010 wurden folgende Rückgänge der Längen (in m) bekannter Gletscher in Österreich gemessen (Quelle: ÖAV): 3, 3, 4, 5, 5, 5, 6, 6, 6, 6, 6, 7, 8, 8, 8, 9, 9, 9, 9, 9, 9, 10, 10, 10, 11, 11, 11, 12, 13, 13, 13, 13, 13, 13, 14, 14, 14, 16, 16, 17, 18, 18, 19, 19, 19, 19, 19, 20, 22, 23, 24, 25, 26, 27, 27, 27, 30, 31, 37, 40, 40, 58, 58, 62, 72

1) Zeichne den Boxplot!

2) Wie viele Gletscher gehören zu den mindestens 25 %, deren Rückgang höchstens q_1 ist?

Wie viele Gletscher gehören zu den mindestens 25 %, deren Rückgang mindestens q_3 ist?

Wie viele Gletscher gehören zum „Mittelfeld" mit einem Rückgang im Bereich von q_1 bis q_3?

3) Berechne jeweils das arithmetische Mittel des Längenrückganges für die durch die Quartile bestimmten Viertel!

kleiner q_1:

im Bereich von q_1 bis q_2:

im Bereich von q_2 bis q_3:

größer q_3:

Gepatschferner (Tirol)

198 Zeichne einen Boxplot mit folgenden Eigenschaften!

a) 1) Das Maximum beträgt 20. **2)** Der Quartilsabstand beträgt 12. **3)** 50 % sind größer oder gleich 12. **4)** Ein Viertel ist kleiner oder gleich 3. **5)** Die Spannweite beträgt 18.

b) 1) Der Median liegt bei 13. **2)** 50 % liegen zwischen 9 und 17. **3)** Das Minimum liegt bei 5. **4)** Die Spannweite beträgt 13.

199 Bei einer Quizveranstaltung standen zur Lösung der nebenstehenden Denksportaufgabe zwei Minuten Bearbeitungszeit zur Verfügung.
11 von 30 Teilnehmern lösten die Aufgabe in der vorgesehenen Zeit und zwar nach:
18, 28, 30, 36, 45, 52, 63, 67, 83, 100, 115 Sekunden.

1) Ermittle die Quartile q_1, Median = q_2 und q_3!

Median = q_2 = ,

q_1 = , q_3 =

Denksportaufgabe

Trage die Zahlen 1 bis 6 so in die Figur ein, dass sich auf allen drei Seiten des Dreiecks die gleiche Summe mit dem größtmöglichen Summenwert ergibt!

2) Trage die gegebenen Zeiten auf der Zahlengeraden als Zeitachse durch Kreuze ein und markiere auch Quartile q_1, Median = q_2 und q_3! Zeichne dann den Boxplot!

F

Merkenswertes

Wähle zum Füllen der Lücken aus den rechtsstehenden Wörtern die passenden aus!
Trage die Buchstaben bzw. Wortteile in der Reihenfolge der Lücken in den Lösungstext ein!

A Kenngrößen zur Beschreibung von Daten

Wichtige Kennzahlen bei der Beschreibung von Daten sind ________ und Streumaße. Mittelwerte sind das ________ Mittel $\bar{x}$, der ________ und der Modus. Zur Berechnung des arithmetischen Mittels dividiert man die Summe der Zahlenwerte durch die ________ der Werte. Sind die relativen ________ der Werte gegeben, so spricht man von einem ________ Mittel. Der Median (Zentralwert) ist bei einer ________ Anzahl von Zahlen der Wert in der ________ der ________ Zahlenreihe. Bei einer ________ Anzahl von Werten ist der Median das arithmetische ________ der beiden in der Mitte liegenden Zahlenwerte. Der am ________ auftretende Wert einer Zahlenreihe heißt ________. Nicht jeder Mittelwert eignet sich immer gleich gut zur Beschreibung einer Datenreihe. Das ________ wird stark von so genannten „Ausreißern" beeinflusst.

Anzahl	EINS
arithmetische	GIBT
arithmetische Mittel	DUNG
Daten	Z
geordneten	TEU
geraden	RER
gewichteten	AUF
Häufigkeiten	WAS
häufigsten	ALS
Median	NUR
Mitte	ER
Mittel	IST
Mittelwerte	ES
Modalwert	G
Modus	BIL
ungeraden	DAU

B Boxplot, Quartile und weitere Streumaße

Der Median teilt die Werte einer geordneten Liste in zwei ________; dh., dass der Median die ________-Grenze der Daten markiert. Nun kann man auch die ________ einer Datenreihe angeben, also jene Grenze, unter der ca. ein Viertel der Daten liegt, genannt 1. Quartil q_1. Ebenso gibt es die 75 %-Grenze, das ________ q_3. Zeichnet man einen „Kasten" mit den Grenzen q_1 und q_3 und einer Unterteilung bei q_2 mit „Verlängerungsarmen" bis zum Minimum und bis zum ________ der Zahlenreihe, so erhält man ein Diagramm, den ________ (Kastenschaubild). Daraus kann man die ________ der Daten gut erkennen. Ein großer Abstand zwischen q_1 und q_3 bedeutet eine große ________ der Daten. Die Streuung kann man auch durch die ________ quadrierte Abweichung vom arithmetischen Mittel, genannt ________, angeben. Die ________ der Varianz heißt ________.

3. Quartil	N
25 %-Grenze	I
50 %	E
Boxplot	B
durchschnittliche	D
Hälften	K
Maximum	E
Minimum	N
Quadratwurzel	N
Standardabweichung	G
Streuung	L
Varianz	U
Verteilung	I

Lösungstext „_ _ _ _ _ _ _ _ _ _ _ _ _ _, _ _ _ _ _ _ _ _ _ _ _ _
_ –
_ _ _ _ _ _ _ _ _ _ _ _ _!" (John F. Kennedy)

1 Umfang des Kreises – die Zahl π („Kreiszahl“)

Kreisumfang
$u = \pi \cdot d$
$u = 2\pi \cdot r$

200 Berechne den Umfang des Kreises, dessen Durchmesser d bzw. Radius r gegeben ist! Führe jeweils zuerst eine Überschlagsrechnung und dann erst die Berechnung mit dem TR durch! Runde auf eine Nachkommastelle!

a) d = 15,7 cm **Ü:** u ≈ 16 · 3 = ____ cm **TR:** u = 15,7 · π = ____ ≈ ____ cm

b) d = 6,14 m **Ü:** u ≈ ____ = ____ m **TR:** u = ____ = ____ ≈ ____ m

c) r = 4,20 km **Ü:** u ≈ ____ = ____ km **TR:** u = ____ = ____ ≈ ____ km

201 Berechne den Umfang des Äquatorkreises, von dem der Radius bekannt ist!

a) Merkur: r ≈ 2 439 km ➞ u ≈ ____ km

b) Venus: r ≈ 6 052 km ➞ u ≈ ____ km

c) Jupiter: r ≈ 71 492 km ➞ u ≈ ____ km

d) Neptun: r ≈ 24 764 km ➞ u ≈ ____ km

202 Forme die Umfangsformeln des Kreises so um, dass du den Durchmesser bzw. den Radius berechnen kannst, wenn der Umfang bekannt ist!

a) $u = \pi \cdot d$ ➞ d = ____

b) $u = 2\pi \cdot r$ ➞ r = ____

203 Wie groß ist der Radius des Kreises, von dem der Umfang bekannt ist?

a) u = 24,5 cm ➞ r = ____ cm ≈ ____ cm

b) u = 4,56 m ➞ r = ____ m ≈ ____ m

204 Berechne den Radius des Äquatorkreises, von dem der Umfang bekannt ist!

a) Mars: u ≈ 21 344 km ➞ r ≈ ____ km

b) Pluto: u ≈ 7 508 km ➞ r ≈ ____ km

c) Uranus: u ≈ 160 592 km ➞ r ≈ ____ km

d) Saturn: u ≈ 378 675 km ➞ r ≈ ____ km

205

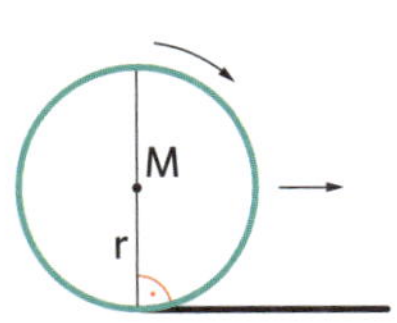

Wie viele Umdrehungen vollführt ein Rad mit einem Radius von 50 cm auf einer 1 km langen Strecke?
Adriana antwortet: „Bei jeder Umdrehung legt das Rad gerade so viel Zentimeter zurück, wie sein Durchmesser lang ist. Ich dividiere daher die Streckenlänge durch den Durchmesser des Rades.“
Savanna antwortet: „Das Rad legt bei jeder Umdrehung gerade so viel Zentimeter zurück, wie sein Umfang lang ist. Ich dividiere die Länge der Strecke daher durch den Umfang des Rades.“

a) Wer hat Recht? Savanna

b) Das Rad vollführt rund ____ Umdrehungen.

206 Zu einem Kreis ist eine Größe gegeben. Kreuze die beiden passenden Aussagen an!

a) $r = \frac{30}{2\pi}$ cm

- ○ **A** Der Umfang beträgt 15 cm.
- ○ **B** Der Durchmesser ist 15 cm.
- ○ **C** Der Durchmesser ist $\frac{30}{\pi}$ cm.
- ○ **D** Der Radius beträgt ungefähr 11 cm.
- ○ **E** Der Umfang beträgt 30 cm.

b) $d = \frac{40}{\pi}$ cm

- ○ **A** Der Radius beträgt $\frac{80}{\pi}$ cm.
- ○ **B** Der Umfang beträgt 40π cm.
- ○ **C** Der Umfang ist eine irrationale Zahl.
- ○ **D** Der Umfang beträgt 40 cm.
- ○ **E** Der Radius ist ungefähr 6,4 cm lang.

c) $u = 70\pi$ cm

- ○ **A** Der Umfang ist eine irrationale Zahl.
- ○ **B** Der Durchmesser ist 35 cm lang.
- ○ **C** Der Durchmesser ist 70 cm lang.
- ○ **D** Der Umfang ist doppelt so groß wie der Radius.
- ○ **E** Der Radius beträgt 70 cm.

2 Länge des Kreisbogens

Bogenlänge

$b = \frac{\pi \cdot \alpha}{180} \cdot r$

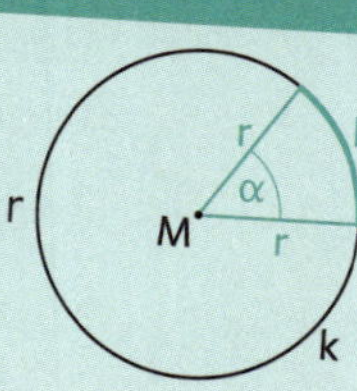

207 Ein Sektor mit dem Zentriwinkel α hat die Bogenlänge $b = \frac{\pi \cdot \alpha}{180} \cdot r$ und den Umfang $u = 2 \cdot r + b$.

a) Ein Kreissektor mit r = 6,5 cm und α = 78° hat die Bogenlänge b ≈ ____ cm.

b) Ein Kreissektor mit r = 23,6 m und α = 127° hat die Bogenlänge b ≈ ____ m.

c) Ein Kreissektor mit r = 21,6 cm und α = 56° hat den Umfang u ≈ ____ cm.

208 Wie lang ist der Weg, den die Spitze eines 95 cm langen Minutenzeigers einer Bahnhofsuhr **a)** in 10 Minuten, **b)** in einer Dreiviertelstunde, **c)** in 1 Tag zurücklegt?

a) In 10 Minuten durchwandert der Zeiger einen Sektor von ____° → b ≈ ____ cm

b) In einer $\frac{3}{4}$-Stunde durchwandert der Zeiger einen Sektor von ____° → b ≈ ____ m

c) In 1 Tag vollführt der Minutenzeiger ____ volle Umdrehungen, das entspricht ____ Kreisumfängen.
u = ____ cm, ____ · u = ____ cm ≈ ____ m Der Zeiger legt in 1 Tag rund ____ m zurück.

209 Forme die Formel für die Bogenlänge b so um,

a) dass man r berechnen kann, wenn b und α bekannt sind, r = ____

b) dass man α berechnen kann, wenn b und r bekannt sind! α = ____

210 Berechne die dritte Größe des Kreissektors!

a) b = 23,4 cm, α = 68°, r ≈ ____ cm **b)** b = 25,8 cm, r = 17,4 cm, α ≈ ____ °

211 Berechne die fehlende Größe b, r oder α! Folge im Spinnennetz der Reihe nach deinen Lösungen (gerundet auf 1 Dezimalstelle) von **1)** – **10)** und du erhältst ein Lösungswort!

1) b = 10 cm, r = 6 cm
2) b = 14 cm, α = 60°
3) b = 11 cm, r = 9 cm
4) α = 80 °, r = 8 cm
5) b = 9 cm, α = 55°
6) α = 99°, r = 5 cm
7) b = 9 cm, r = 7 cm
8) α = 95°, r = 7 cm
9) b = 12 cm, α = 70°
10) b = 8 cm, r = 10 cm

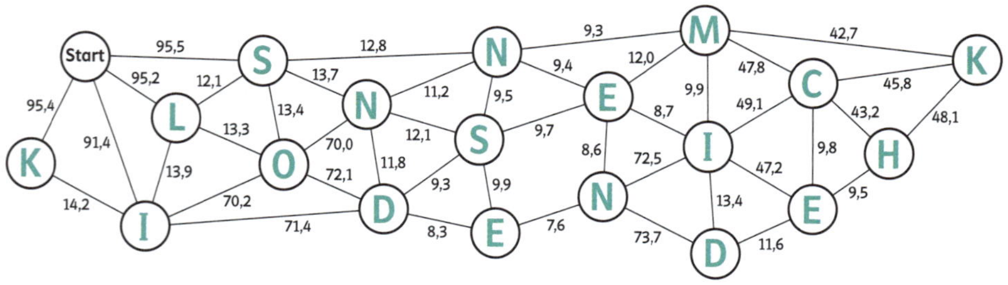

Lösungswort: _ _ _ _ _ _ _ _ _ _

212 Ordne zu, wie sich die Bogenlänge b bzw. der Zentriwinkel α mit den jeweils anderen Größen verändert!

1	r verdoppelt sich, α halbiert sich	
2	r bleibt gleich, α verdoppelt sich	
3	r halbiert, b halbiert sich	
4	r verdoppelt sich, b bleibt gleich	

A	b verdoppelt sich
B	b halbiert sich
C	b bleibt gleich
D	α verdoppelt sich
E	α halbiert sich
F	α bleibt gleich

3 Flächeninhalt des Kreises 4 Flächeninhalt des Kreissektors

Flächeninhalt des Kreises
$A = \pi \cdot r^2$

213 Berechne den Flächeninhalt des Kreises, von dem der Durchmesser d gegeben ist! Führe jeweils zuerst eine Überschlagsrechnung durch! Runde auf eine Nachkommastelle!

a) $d = 17{,}8\,cm \rightarrow r = 8{,}9\,cm$ **Ü:** $A \approx 3 \cdot 9^2 =$ ___ cm² **TR:** $A = \pi \cdot 8{,}9^2 =$ ___ ≈ ___ cm²

b) $d = 9{,}62\,m \rightarrow r =$ ___ m **Ü:** $A \approx$ ___ = ___ m² **TR:** $A =$ ___ = ___ ≈ ___ m²

214 Wie groß sind Umfang und Flächeninhalt des Mittelkreises eines Fußballfeldes, wenn er einen Radius von 9,15 m hat?

Umfang: **Ü:** $u \approx 3 \cdot 20 =$ ___ **TR:** $u \approx$ ___ m

Flächeninhalt: **Ü:** $A \approx 3 \cdot 10^2 =$ ___ **TR:** $A \approx$ ___ m²

215 **a)** Forme die Flächeninhaltsformel des Kreises so um, dass du r berechnen kannst, wenn der Flächeninhalt A gegeben ist! $A = \pi \cdot r^2 \rightarrow r^2 =$ ___ $\rightarrow r =$ ___

b) Ein Kreis hat 25,4 cm² Flächeninhalt. Wie groß sind Radius und Umfang? $r \approx$ ___ cm, $u \approx$ ___ cm

216 Gib die Ergebnisse sowohl exakt mit Hilfe von π als auch näherungsweise an!

a) Wie groß sind Umfang und Flächeninhalt eines Kreises mit dem Radius $r = 1{,}00\,m$?

$u = 2 \cdot \pi\,m \approx$ ___ m $A =$ ___ m² ≈ ___ m²

b) Wie groß ist der Radius eines Kreises, dessen Umfang $u = 1{,}00\,m$ beträgt? $r =$ ___ m ≈ ___ m

c) Wie groß ist der Radius eines Kreises, dessen Flächeninhalt $A = 1{,}00\,m^2$ beträgt?

$r =$ ___ m ≈ ___ m

217 Der Umfang eines Kreises beträgt 150 cm. Was wird durch die Rechnung $\left(\frac{75}{\pi}\right)^2 \cdot \pi$ ermittelt?
Kreuze die richtige Antwort an!

○ **A** der Durchmesser d ○ **B** der Radius r ○ **C** der Flächeninhalt A

218 Der Radius r_1 eines Kreises ist gegeben. Wie verändert sich der Flächeninhalt des Kreises, wenn der Radius um den angegebenen Faktor verändert wird? Ordne zu!

1	$r_2 = 2 \cdot r_1$	
2	$r_2 = \sqrt{2} \cdot r_1$	
3	$r_2 = \frac{r_1}{\sqrt{3}}$	
4	$r_2 = 3 \cdot r_1$	

A	Der Flächeninhalt wird verdoppelt.
B	Der Flächeninhalt wird halbiert.
C	Der Flächeninhalt wird vervierfacht.
D	Der Flächeninhalt wird verdreifacht
E	Der Flächeninhalt wird gedrittelt.
F	Der Flächeninhalt wird verneunfacht.

Flächeninhalt des Kreissektors
$A = \frac{\pi \cdot \alpha}{360} \cdot r^2$ oder $A = \frac{b \cdot r}{2}$

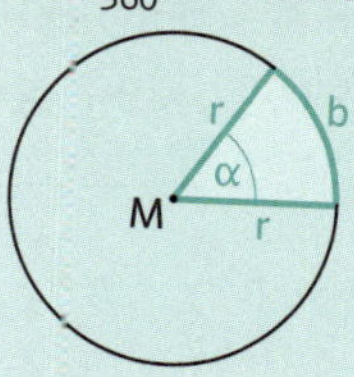

219 Berechne den Flächeninhalt des Kreissektors!

a) $r = \sqrt{12}\,cm$, $\alpha = 50°$ **b)** $r = 5\,cm$, $\alpha = 99°$ **c)** $r = 15{,}8\,cm$, $b = 3\,cm$

$A =$ ___ cm² $A =$ ___ cm² $A =$ ___ cm²

4 Flächeninhalt des Kreissektors
5 Flächeninhalt und Umfang des Kreisringes

220 Gegeben ist ein Kreissektor mit $A = 512\pi$ cm², r = 64 cm. Berechne b und α!

1) Forme um: $A = \frac{b \cdot r}{2} \rightarrow b =$ ___ Setze ein: $b \approx$ ___ cm

2) Forme zB $A = \frac{\pi \cdot \alpha}{360} \cdot r^2$ um $\rightarrow \alpha =$ ___ Setze ein: $\alpha =$ ___ cm

oder forme $b = \frac{\pi \cdot \alpha}{180} \cdot r$ um $\rightarrow \alpha =$ ___ Setze ein: $\alpha =$ ___ cm

221 Ein kreisbogenförmiges Straßenstück soll errichtet werden.
Der Radius des äußeren Kurvenbogens beträgt $r_1 = 160{,}0$ m, die Fahrbahn ist d = 12,5 m breit, der zugehörige Zentriwinkel ist α = 145°.

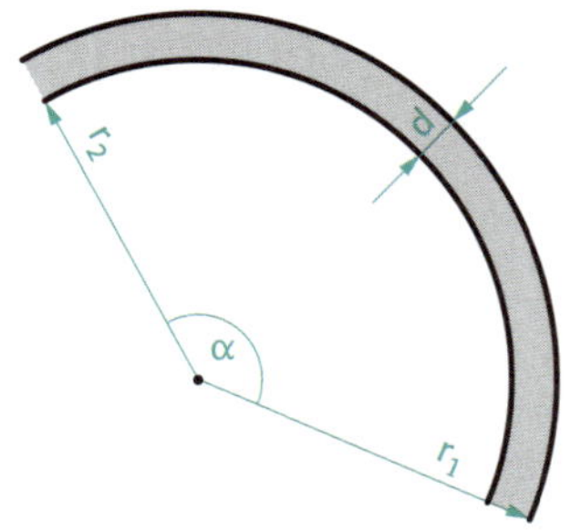

a) Wie viel Meter Leitschienen sind für die beiden Fahrbahnränder insgesamt nötig? äußerer Kreisbogen: $b_1 \approx$ ___ m,

innerer Kreisbogen: $r_2 =$ ___ $\rightarrow b_2 \approx$ ___ m

Insgesamt werden rund ___ m Leitschienen benötigt.

b) Wie viel Quadratmeter Straßenbelag werden für die Kurve benötigt?

großer Kreissektor: $A_1 \approx$ ___ m², kleinerer Kreissektor $A_2 \approx$ ___ m²

Insgesamt werden für die Kurve rund ___ m² Straßenbelag benötigt.

222 Kreuze die drei richtigen Umformungen der Flächeninhaltsformel eines Kreissektors an!

○ **A** $r = \frac{A}{b}$ ○ **B** $r = \frac{360 \cdot A}{\pi \cdot \alpha}$ ○ **C** $\alpha = \frac{360 \cdot A}{\pi \cdot r^2}$ ○ **D** $b = 2\frac{A}{r}$ ○ **E** $r = 6 \cdot \sqrt{\frac{10}{\pi} \cdot \frac{A}{\alpha}}$

223 Ordne zu, wie sich der Flächeninhalt des Kreissektors verändert, wenn seine Größen verändert werden!

1	r bleibt gleich, α verdreifacht sich	
2	r halbiert sich, α bleibt gleich	
3	b verdoppelt sich, r halbiert sich	
4	r verdoppelt sich, b bleibt gleich	

A	A bleibt gleich
B	A wird halbiert
C	A verdoppelt sich
D	A wird verdreifacht
E	A wird geviertelt
F	A wird vervierfacht

224 Berechne **1)** den Umfang, **2)** den Flächeninhalt des Kreisringes!

Kreisring	a)	b)	c)	d)	e)
r_1	37 mm	14 cm	1,9 m	52,5 cm	32 cm
r_2	21 mm	12 cm	1,3 m	31,8 cm	1,8 cm
u					
A					

Kreisring
Umfang $u = u_1 + u_2$
Flächeninhalt $A = A_1 - A_2$

225 Ein Kreisring hat den äußeren Durchmesser d_1 und den inneren Durchmesser d_2.
Welche Formeln beschreiben den Flächeninhalt des Kreisringes richtig? Kreuze an!

○ **A** $\pi \cdot \frac{d_1^2 - d_2^2}{2}$ ○ **C** $\pi \cdot \frac{d_1^2 - d_2^2}{4}$ ○ **E** $\pi \cdot \frac{d_2^2 - d_1^2}{4}$

○ **B** $\pi \cdot \frac{d_1^2}{4} + \pi \cdot \frac{d_2^2}{4}$ ○ **D** $\frac{\pi}{4} \cdot (-d_2^2 + d_1^2)$

226 a) Wie groß sind Umfang und Flächeninhalt des Kreisringes, der von Umkreis und Inkreis eines Quadrats mit $a = 6\,cm$ gebildet wird?
Überlege: Der Radius r_1 des Umkreises ist so lang wie die halbe Diagonale d des Quadrats.

$d = \sqrt{2} \cdot a \rightarrow d \approx$ ____ cm $\rightarrow r_1 =$ ____ cm $\rightarrow u_1 =$ ____ cm, $A_1 \approx$ ____ cm^2

Der Radius des Inkreises ist so lang wie die halbe Quadratseite a.

$r_2 =$ ____ cm $\rightarrow u_2 \approx$ ____ cm, $A_2 \approx$ ____ cm^2

Kreisring: $u \approx$ ____ cm, $A \approx$ ____ cm^2

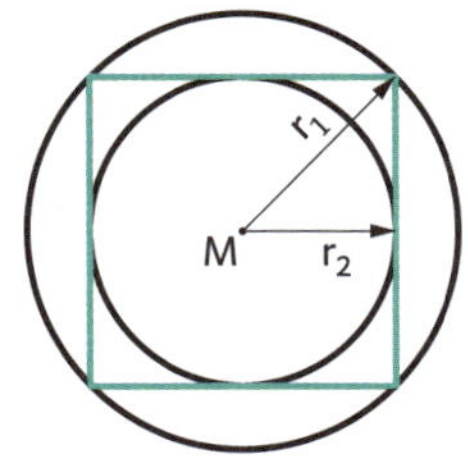

b) Wie viel Prozent der Quadratfläche macht die Fläche des Inkreises aus? (Grundwert = Quadratfläche, Prozentwert = Inkreisfläche)
Verwende die Ergebnisse aus Aufgabe a), setze ein und rechne! Prozentsatz $p\% = \frac{W}{G} \approx$ ____ %

Merkenswertes

Wähle zum Füllen der Lücken aus den rechts stehenden Möglichkeiten die passenden aus! Trage die Wortteile in der Reihenfolge der Lücken in den Lösungstext ein!

A Umfang und Flächeninhalt des Kreises

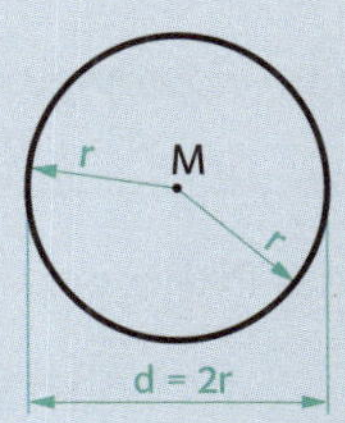

Für den Umfang des Kreises gilt (Kurzsprechweise):

„Umfang = ____ mal ____ " als Formel: $u = \pi \cdot d$ bzw. $u =$ ____

Für den Flächeninhalt des Kreises gilt kurz:

„Flächeninhalt = ____ ", als Formel: $A =$ ____

π mal Radius hoch 2	r
π	S
$2\pi \cdot r$	ö
$\pi \cdot r^2$	e
Durchmesser	t

B Umfang und Flächeninhalt des Kreissektors

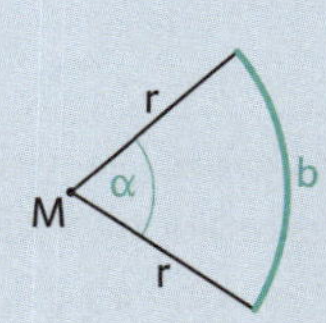

Ein Kreissektor wird von zwei ____ und dem ____ begrenzt. Hat der Kreissektor den ____ α, dann wird die Länge des ____ folgendermaßen berechnet: $b =$ ____.

Den Umfang des Sektors berechnet man mit $u =$ ____.

Für den ____ des Kreissektors gilt: $A =$ ____ bzw. $A =$ ____.

Flächeninhalt	r
Kreisbogen	e
Kreisbogens b	n
Radien	m
Zentriwinkel	i
$\frac{b \cdot r}{2}$	i
$2 \cdot r + b$	K
$\frac{\pi \cdot \alpha}{180} \cdot r$	e
$\frac{\pi \cdot \alpha}{360} \cdot r^2$	e

C Umfang und Flächeninhalt des Kreisringes

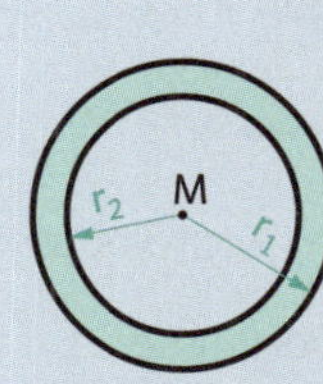

Ein Kreisring wird durch zwei ____ Kreise begrenzt. Für seinen ____ gilt: $u = u_1 + u_2 = 2\pi \cdot r_1 + 2\pi \cdot r_2 =$ ____ $\cdot$ (____) Der Flächeninhalt des Kreisringes wird mit Hilfe der ____ der beiden ____ berechnet:

$A = A_1 - A_2 = \pi \cdot r_1^2 - \pi \cdot r_2^2 = \pi \cdot ($ ____ $)$

$2 \cdot \pi$	n
Differenz	c
konzentrische	s
Kreisflächeninhalte	h
$r_1 + r_2$	i
$r_1^2 - r_2^2$	t
Umfang	e

Lösungswort „_ _!" (angeblich: Archimedes)

1 Rechtwinkliges Dreieck

227 Von einem rechtwinkligen Dreieck ABC ($\gamma = 90°$) sind zwei der Größen a, b, c, A und h_c gegeben. Berechne jeweils die restlichen Größen (runde gegebenenfalls auf 2 Dezimalstellen) und fülle die Tabelle aus! Beginnend mit Aufgabe **a)** und jeweils von oben nach unten ergeben die Buchstaben einen Lösungstext.

	a)	b)	c)	d)	e)
a (in cm)	19,5	67,2		19,5	
b (in cm)	46,8		23,4		25,2
c (in cm)		72,8	39,0		
A (in cm²)				253,5	423,36
h_c (in cm)					

15,6	O	32,5	L
18,0	E	33,6	E
18,72	R	42,0	T
20,16	E	50,7	D
26,0	F	365,04	E
25,85	U	456,3	I
28,0	Z	940,8	A
31,2	B		

Lösungstext: ___ ___ ___ ___ ___ ___ ___ ___ ___ ___ ___ ___ ___ ___ ___ ___

228 In der Figur rechts sind zwei Punkte A und B gezeichnet.

a) Lies ihre Koordinaten ab! A = (___ | ___), B = (___ | ___)

b) Berechne aus den Koordinaten von A und B die Länge der Strecke AB!

Die Differenz ihrer x-Koordinaten beträgt ___ cm.

Die Differenz ihrer y-Koordinaten beträgt ___ cm.

Nach dem Satz des Pythagoras gilt:

$\overline{AB}^2 = \_\_\_^2 + \_\_\_^2 \rightarrow \overline{AB} = \sqrt{\_\_\_}$ cm ≈ ___ cm

c) Kontrolliere durch Messen! $\overline{AB} \approx$ ___ cm

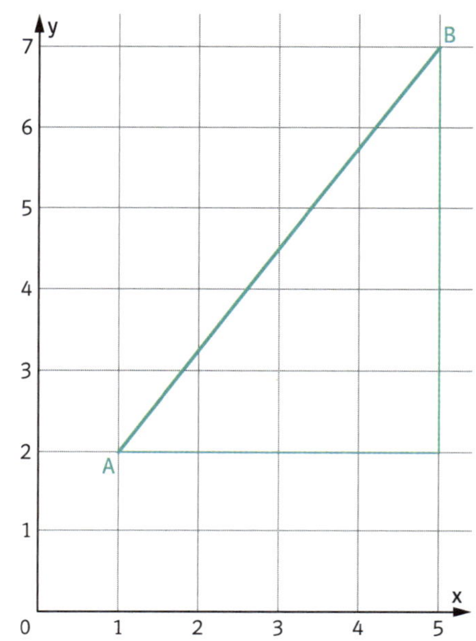

229 **a)** Zeichne das Dreieck ABC [A = (0 | 1), B = (7 | 0), C = (2 | 5)]!

b) Berechne seine Seitenlängen wie in Aufgabe **228)** mit Hilfe des Satzes von Pythagoras!

$\overline{AB}$: Differenz der x-Koordinaten: ___ cm

Differenz der y-Koordinaten: ___ cm

$\overline{AB}^2 = \_\_\_^2 + \_\_\_^2 \rightarrow \overline{AB} \approx$ ___ cm

$\overline{BC}$: Differenz der x-Koordinaten: ___ cm

Differenz der y-Koordinaten: ___ cm

$\overline{BC}^2 = \_\_\_^2 + \_\_\_^2 \rightarrow \overline{BC} \approx$ ___ cm

$\overline{AC}$: Differenz der x-Koordinaten: ___ cm

Differenz der y-Koordinaten: ___ cm

$\overline{AC}^2 = \_\_\_^2 + \_\_\_^2 \rightarrow \overline{AC} \approx$ ___ cm

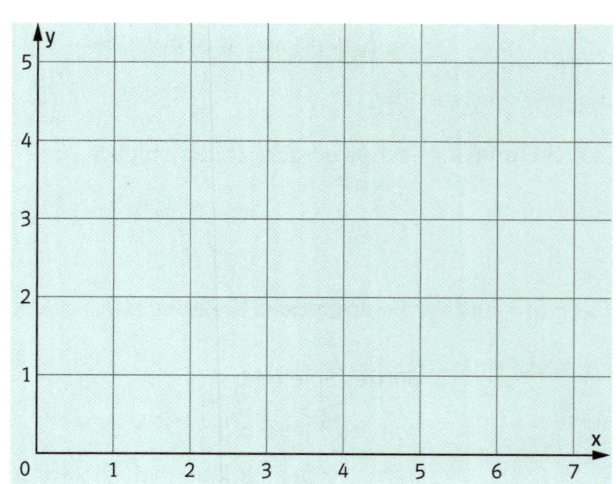

c) Kontrolliere deine Rechnungen durch Messen! $\overline{AB} \approx$ ___ cm, $\overline{BC} \approx$ ___ cm, $\overline{AC} \approx$ ___ cm

d) Berechne den Flächeninhalt des Dreiecks ABC! Durch Ergänzung der Figur zu einem Rechteck kannst du mit dir bekannten Flächeninhaltsformeln rechnen.

$A_{\Delta ABC} = A_{Rechteck} - (A_{\Delta 1} + A_{\Delta 2} + A_{\Delta 3}) =$ ___ cm² − (___ + ___ + ___) cm² = ___ cm²

1 Rechtwinkliges Dreieck
2 Berechnungen in besonderen Vielecken

230 1) Zeichne die rechts verkleinert dargestellte Figur in einem Koordinatensystem (Einheit 1 cm)!
2) Zerlege die Figur so in Dreiecke, Rechtecke und Quadrate, dass man ihren Flächeninhalt mit Hilfe der Koordinaten der Eckpunkte exakt bestimmen kann!
3) Berechne den Flächeninhalt der Figur! A = ___ cm²
4) Berechne den Umfang der Figur! Verwende dazu den Satz des Pythagoras!
u = ___ cm

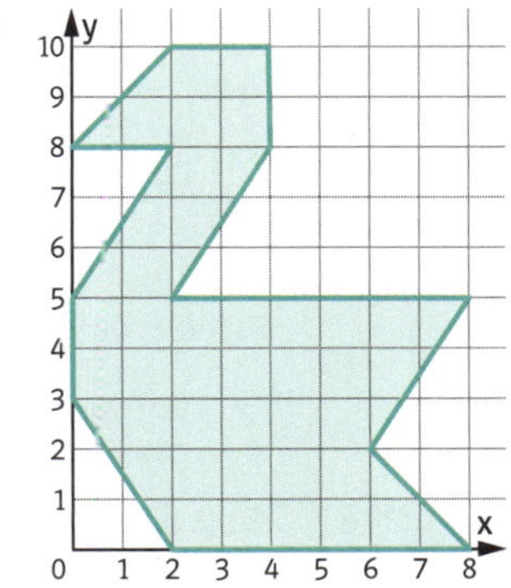

231 Ordne den Angaben der Bergbahnen die entsprechende Steigung zu!

1	Grazer Schlossbergbahn Länge: 212 m, Talstation: 365 m, Bergstation: 474 m	
2	Hungerburgbahn Innsbruck Länge: 1800 m, Talstation: 569 m, Bergstation: 857 m	
3	Mölltaler Gletscher Express Länge: 4718 m, Talstation: 1222 m, Bergstation: 2234 m	
4	Schafbergbahn Länge: 5850 m, Talstation: 542 m, Bergstation: 1732 m	

A	16,2 %
B	22 %
C	20,8 %
D	60 %

Steigung in % = $\frac{\text{Höhenunterschied}}{\text{waagrechte Entfernung}}$

232 Nola macht mit ihren Eltern einen Ausflug in die Berge. Die Passstraße ist 8,6 km lang und überwindet dabei einen Höhenunterschied von h = 613 m. Beim Pass entdecken sie das nebenstehende Schild.

Seehöhe: 1225 m

1) Bei welcher Seehöhe hat die Passsteigung begonnen? Seehöhe: ___ m
2) Bestimme die durchschnittliche Steigung der Straße in Prozent! Steigung: ___ %
3) Wie weit könnte man theoretisch vom Pass aus sehen? Sichtweite: ___ km

233 Ein Völkerballfeld besteht aus zwei aneinander grenzenden Quadraten von je 6,40 m Seitenlänge.
a) Fertige eine Zeichnung im Maßstab 1 : 200 an!
Eine Breitseite des Feldes ist schon eingezeichnet.
Rechne nach!
6,40 m = ___ cm → ___ cm : 200 = ___ cm
b) Miss in deiner Zeichnung die Länge der Diagonale des ganzen Spielfeldes und die einer Spielfeldhälfte!
Ganzes Spielfeld: $d_1 \approx$ ___ cm;
Spielfeldhälfte: $d_2 \approx$ ___ cm
Rechne diese Längen in die Wirklichkeit um!
$d_1 \approx$ ___ cm · 200 = ___ cm = ___ m; $d_2 \approx$ ___ cm · 200 = ___ cm = ___ m
c) Berechne die Längen der beiden Diagonalen aus Aufgabe b) mit dem Satz des Pythagoras und vergleiche die Ergebnisse von b) und c)!
$d_1^2 =$ ___ + ___ = ___ → $d_1 \approx$ ___ m; $d_2^2 =$ ___ + ___ = ___ → $d_2 \approx$ ___ m

234 Ein Rechteck ABCD mit den Seitenlängen a und b besitzt die Diagonalenlänge d.
Was ergibt die Rechnung $\sqrt{d^2 - b^2}$? Kreuze an!

○ **A** Länge der anderen Diagonale ○ **B** Umfang ☒ **C** Länge der Seite a ○ **D** Umkreisradius r

Begründung: ______________________________

____

235 **a)** Von einem Rechteck sind die Breite b und der Umfang u gegeben. Drücke die Länge a, die Diagonalenlänge d und den Flächeninhalt A durch b und u aus! $a = (u - 2b) : 2$

b) Von einem Rechteck sind die Länge a und der Flächeninhalt A gegeben. Drücke die Breite b, den Umfang u und die Diagonalenlänge d durch a und A aus! ______________________________

236 Von einem Quadrat mit der Seitenlänge a, der Diagonalenlänge d, dem Umfang u und dem Flächeninhalt A ist eine Größe gegeben. Drücke die anderen Größen durch die gegebene aus!

a) gegeben: a ______________ **c)** gegeben: u ______________

b) gegeben: d ______________ **d)** gegeben: A ______________

237 Das gleichschenklige Dreieck ABC hat die Schenkellänge a = b = 19,5 cm und die Höhe $h_c = 18{,}0$ cm.
Berechne die Länge der Basis c, den Flächeninhalt A und die Höhe $h_a = h_b$!

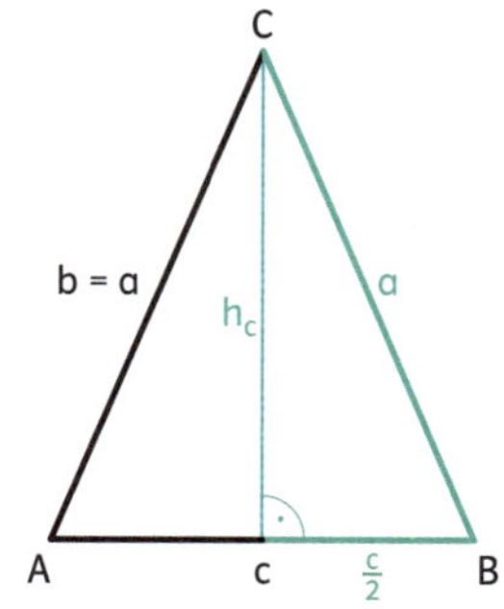

Aus der Skizze folgt $\left(\frac{c}{2}\right)^2 =$ ☐

Setze ein und rechne: $\left(\frac{c}{2}\right)^2 =$ ☐ → $\frac{c}{2} =$ ☐ → c = ☐ cm

Für den Flächeninhalt gilt die Formel: A = ☐ → A = ☐ cm²

Für den Flächeninhalt gilt aber auch $A = \frac{a \cdot h_a}{2}$.

Forme um: $h_a =$ ☐ Setze ein: $h_a =$ ☐ cm ≈ ☐ cm

238 Wie lang sind die orange eingezeichneten Balken in den dargestellten Dachkonstruktionen (Maße in Meter)?

a)

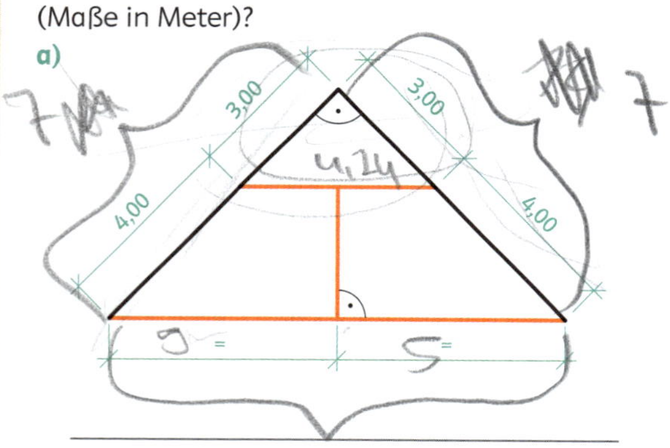

____

____

b)

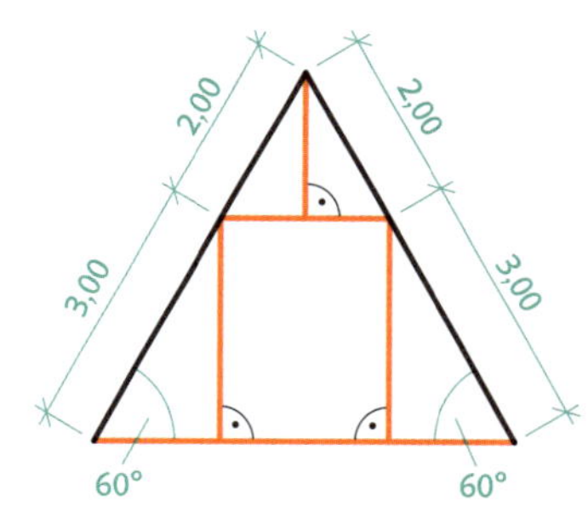

____

____

239 Von einem gleichschenkligen Dreieck ABC (a = b) kennt man zwei der drei Größen a, c und h_c.
Ordne den Angaben die jeweils richtige Vorgangsweise für das Berechnen der dritten Größe zu!

Gegeben: a, c	Gegeben: a, h_c	Gegeben: c, h_c

$\sqrt{a^2 - h_c^2}$ $\sqrt{a^2 - c^2}$ $\sqrt{c^2 - h_c^2}$ $\sqrt{a^2 - \left(\frac{c}{2}\right)^2}$ $2 \cdot \sqrt{a^2 - h_c^2}$ $\sqrt{\left(\frac{c}{2}\right)^2 + h_c^2}$

240 Die Formeln für die Höhe und den Flächeninhalt des gleichseitigen Dreiecks mit der Seite a lauten $h = \sqrt{3} \cdot \frac{a}{2}$ bzw. $A = \sqrt{3} \cdot \frac{a^2}{4}$.

a) Berechne Höhe und Flächeninhalt, wenn a = 7,6 cm ist! Runde die Ergebnisse jeweils auf eine Nachkommastelle: h ≈ ____ cm, A ≈ ____ cm^2

b) Berechne die Länge der Seite a und den Flächeninhalt A, wenn h = 8,4 cm ist! Forme dazu zunächst die Formel für die Höhe um: a = ____

Setze ein und rechne: a ≈ ____ cm → A ≈ ____ cm^2

c) Berechne die Länge der Seite a und die Höhe h, wenn A = 28,4 cm^2 groß ist! Forme dazu zunächst die Formel für den Flächeninhalt um: a^2 = ____

Setze ein und rechne: a ≈ ____ cm → h ≈ ____ cm

241 In nebenstehender Abbildung ist eine Figur gegeben, die aus identischen gleichseitigen Teildreiecken besteht. Die Seitenlänge eines Teildreiecks beträgt 3 cm.

Berechne die Höhe der gesamten Figur! h ≈ ____ cm

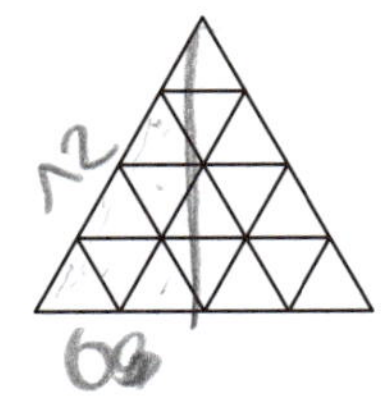

242 Beschreibe mit Hilfe der Zeichnung, wie man die Höhe und den Flächeninhalt des gleichseitigen Dreiecks berechnen kann, ohne die Formeln aus Aufgabe **240)** zu verwenden!

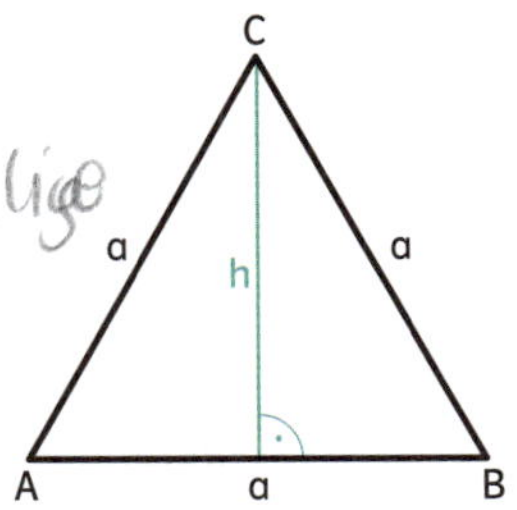

Ergänze: Die Höhe h teilt das gleichseitige Dreieck in 2 rechtwinkelige Dreiecke. Man kann daher den Satz des Phytagoras anwenden: $\sqrt{\left(\frac{a}{2}\right)^2 + a^2}$

h^2 = ~~h~~ und damit h berechnen.

In jedem Dreieck gilt: „Flächeninhalt = Seite mal höhe / 2“.

Man erhält daher den Flächeninhalt des gleichseitigen Dreiecks mit der Seite a und der Höhe h durch $A = \frac{a \cdot h}{2}$.

243 Von einem Drachen ABCD kennt man die Längen der Seiten a und b und die Länge der Diagonale f.

Welcher der folgenden Rechengänge ist zum Berechnen der Länge der Diagonale e geeignet? Gib für die anderen Rechengänge an, warum sie nicht geeignet sind!

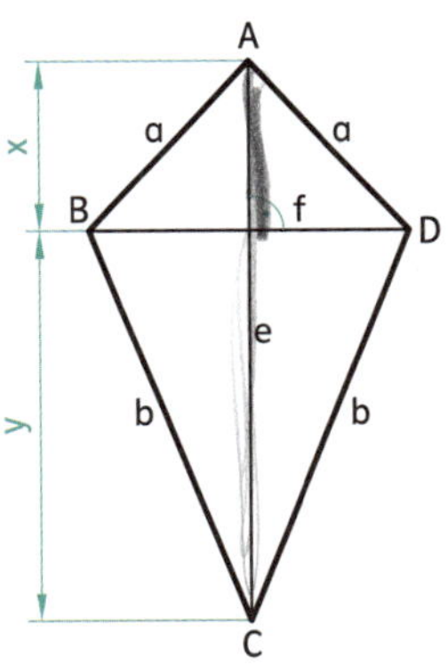

A Man berechnet zunächst den Flächeninhalt mit $A = a \cdot b$. Da auch $A = \frac{e \cdot f}{2}$ gilt, kann man durch Umformen e berechnen.

B Man berechnet die Teilstrecken x und y durch $x = \sqrt{a^2 - f^2}$ und $y = \sqrt{b^2 - f^2}$ und schließlich $e = x + y$.

C Man berechnet e aus $e^2 = a^2 + b^2$.

D Man berechnet die Teilstrecken x und y durch $x = \sqrt{a^2 - \left(\frac{f}{2}\right)^2}$ und $y = \sqrt{b^2 - \left(\frac{f}{2}\right)^2}$ und schließlich $e = x + y$.

Geeignet ist Rechengang D.

Nicht geeignet ist

Rechengang ____, weil ____________________,

Rechengang ____, weil ____________________ und

Rechengang ____, weil ____________________.

244 Ein Sonnensegel hat die Form eines Drachens. Die Seite a hat eine Länge von 5 m und die Diagonallänge e = 4 m. Die beiden Eckpunkte, die nicht auf dem vertikalen Mast (= Symmetrale des Drachens) sind, liegen je 4 m von diesem entfernt.

1) Berechne die Kosten des Sonnensegels, wenn 1 m² Markisenstoff 16 € kostet und 15 % zusätzlich für Verschnitt und Falz einberechnet werden müssen! Kosten: ___ €

2) Berechne die Länge des Umfangs dieses Sonnensegels! u = ___ m

245 Von einer Raute ABCD kennt man die Längen der Seite a = 15,6 cm und der Diagonale e = 28,8 cm. Berechne **a)** die Länge der Diagonale f, **b)** den Flächeninhalt A, **c)** die Höhe h und **d)** den Inkreisradius ϱ!

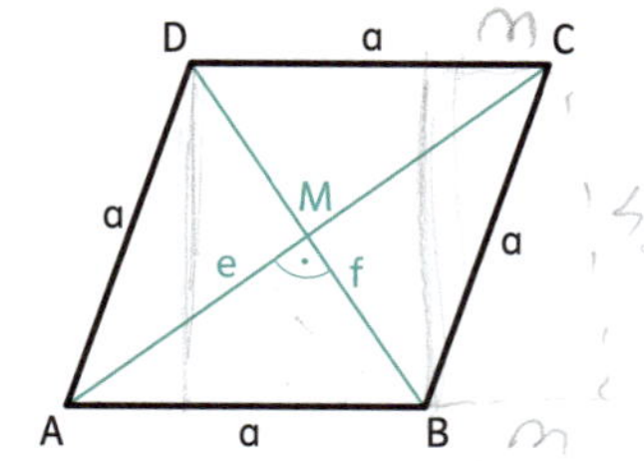

a) In der Raute bilden die beiden Diagonalen einen rechten Winkel.

Im Dreieck ABM gilt daher $a^2 =$ ___.

Forme um und berechne f! $\left(\frac{f}{2}\right)^2 =$ ___ ; f = ___ cm

b) Den Flächeninhalt der Raute kannst du mit Hilfe der Diagonalenlängen berechnen. Es gilt die Formel A = ___. Setze ein: A = ___ cm²

c) Um die Höhe h zu berechnen, kannst du die Flächeninhaltsformel verwenden, die für jedes Parallelogramm gilt, also auch für die Raute! A = ___

Forme um und setze ein! h = ___ ; h ≈ ___ cm

d) Der Inkreisradius ist ___ so groß wie die ___ der Raute. Daraus folgt ϱ ≈ ___ cm.

246 Abdeckplatten, zB für die Wetterseite von Gartenhäusern, sind oft rautenförmig.
Wie groß ist der Flächeninhalt und wie lang sind die Diagonalen einer solchen Platte, die 45 cm Kantenlänge (a) hat und 36 cm hoch (h_a) ist?

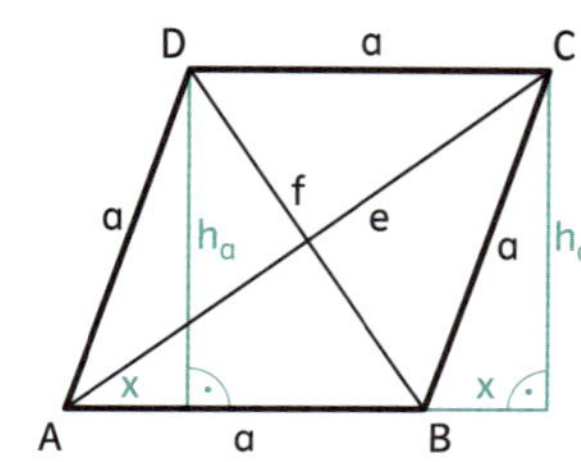

Für den Flächeninhalt gilt $A = a \cdot h_a$ → A = ___ cm².
Verwende die Zeichnung rechts und berechne zunächst die Länge der mit x bezeichneten Strecke:

$x^2 =$ ___ → x = ___ cm

Für die Länge der Diagonale e gilt: $e^2 =$ ___ → e = ___ cm ≈ ___ cm

Für die Länge der Diagonale f gilt: $f^2 =$ ___ → f = ___ cm ≈ ___ cm

Speichere jeweils den vom TR ermittelten exakten Wert für die Diagonalenlängen ab!
Berechne zur Kontrolle den Flächeninhalt der Platte auch mit Hilfe dieser gespeicherten Werte!

A = ___ → A = ___ cm²

247 Von einem Parallelogramm ABCD kennt man b = 12,0 cm, e = 29,6 cm und h_a = 9,6 cm.
Berechne **a)** die Länge der Seite a, **b)** die Länge der Diagonale f, **c)** den Flächeninhalt A des Parallelogramms und **d)** die Höhe h_b!

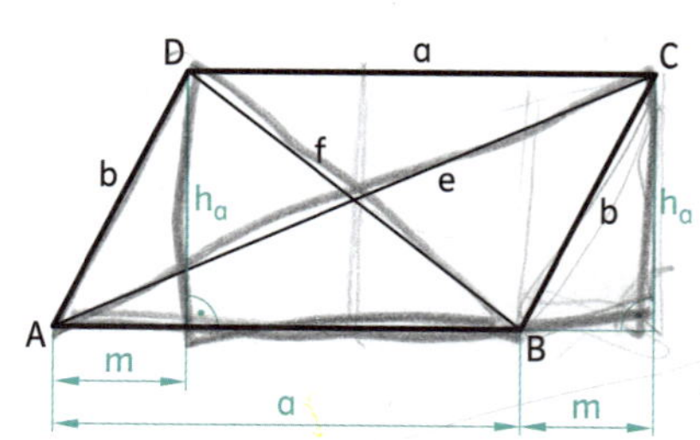

a) Kennzeichne zuerst in der vorgezeichneten Skizze die gegebenen Bestimmungsstücke mit Farbe! Berechne dann in den rechtwinkligen Dreiecken, die durch das Einzeichnen der Höhe h_a entstanden sind, jeweils die dritte Seite!

$m^2 = b^2 - h_a^2$ → m = ___ cm

$(a + m)^2 =$ ___ → a + m = ___ cm → a = ___ cm

b) $f^2 =$ ___ → f = ___ cm ≈ ___ cm

c) A = ___ → A = ___ cm²

d) Forme die weitere Flächeninhaltsformel $A = b \cdot h_b$ um! $h_b =$ ___ → $h_b =$ ___ cm ≈ ___ cm

2 Berechnungen in besonderen Vielecken

3 Beweise für den Satz des Pythagoras

248 Das nebenstehende Parallelogramm hat eine andere Bezeichnung der Seiten, der Diagonalen und der Höhe.

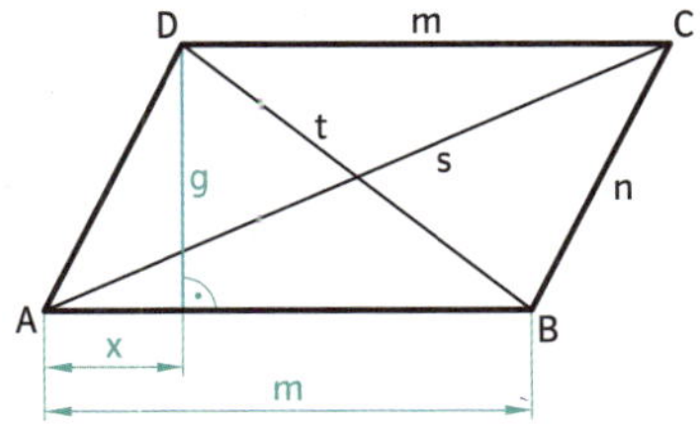

1) Gib Formeln an, wie man aus den gegebenen Seitenlängen m und n und der Höhe g die Längen der Diagonalen s und t berechnen kann!

x = ____, s = ____, t = ____

2) Berechne die Länge der Diagonale, wenn g = 3,6 dm, m = 4,1 dm und n = 3,9 dm! t = ____ dm

249 Von einem gleichschenkligen Trapez ABCD kennt man a = 15,0 cm, c = 10,2 cm und h = 3,2 cm. Berechne die Schenkellänge b = d, die Diagonalenlänge e = f und den Flächeninhalt des Trapezes!

a) Fertige zunächst eine Skizze an und beschreibe in eigenen Worten, wie du vorgehen wirst!

____

____

b) Führe die Rechnungen durch! $x = (a - c) : 2 =$ ____ cm, b = d = ____ cm, e = f = ____ cm, A = ____ cm^2

250 Eine Süßigkeit wird in eine spezielle Verpackung gegeben. Der Querschnitt dieser Verpackung ist trapezförmig mit einer Basislänge von a = 4 cm. Die dazu parallele Seite c ist 1,8 cm lang. Die Verpackung hat eine Höhe von h = 3 cm und die Länge der Diagonale e der Querschnittfläche beträgt 4,84 cm.

1) Berechne die fehlenden Seitenlängen und die Länge der Diagonale f!

b = ____ cm d = ____ cm f = ____ cm

2) Die Süßigkeit selbst hat einen rechteckigen Querschnitt und ist 1,5 cm hoch. Wie breit darf die Süßigkeit sein, damit diese noch in die Packung passt? Löse mit Hilfe einer Konstruktion!

251 Ein Spiegel hat die Form eines regelmäßigen Sechsecks (→ Figur). Rafael meint, dass er die Höhe und die Größe der Spiegelfläche (inneres Sechseck) berechnen kann, wenn er die Kantenlänge a kennt. Er sagt: „Das regelmäßige Sechseck setzt sich aus sechs gleichseitigen Dreiecken mit der Seitenlänge a zusammen. Ich berechne mit der Formel für das gleichseitige Dreieck den Flächeninhalt und die Höhe eines dieser Dreiecke und kann dann auf die Größe der Spiegelfläche schließen."
Hat Rafael Recht? Begründe deine Antwort!

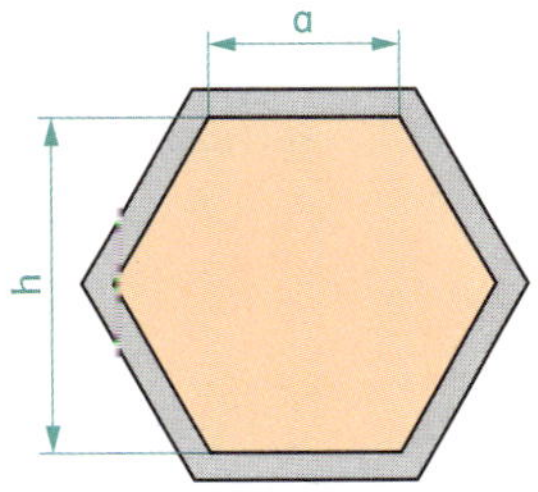

____

____

252 Beim nebenstehenden Stoppschild ist die Seitenkante a = 25 cm lang. Die längste Diagonale hat eine Länge von 65,3 cm.

1) Berechne den Flächeninhalt des Stopp-Schildes! A ≈ ____ cm^2

2) Das Stopp-Schild wird aus einer quadratischen Platte ausgeschnitten. Wie viel cm^2 Abfallmaterial fällt dabei mindestens an? Gib den Wert in Prozent an! Abfall: ____ %

253

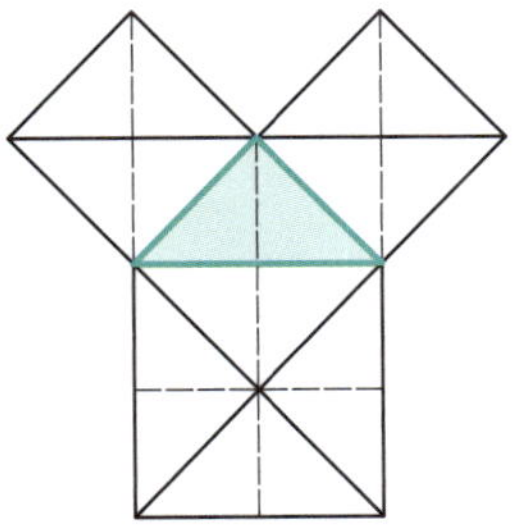

Beweise den Satz des Pythagoras für den Sonderfall des rechtwinklig-gleichschenkligen Dreiecks mit Hilfe von Geodreiecken: Lege ein Geodreieck auf die Tischplatte und gruppiere acht weitere deckungsgleiche Geodreiecke so wie in der Figur links! Führe den Beweis fort!

____

____

____

3 Beweise für den Satz des Pythagoras 4 Katheten- und Höhensatz

254 Schneide acht kongruente rechtwinklige Dreiecke aus (Katheten a, b, Hypotenuse c)! Zeichne dann zwei quadratische Rahmen mit der Seitenlänge (a + b) und lege in jedem dieser Rahmen vier der Dreiecke so wie rechts abgebildet auf!

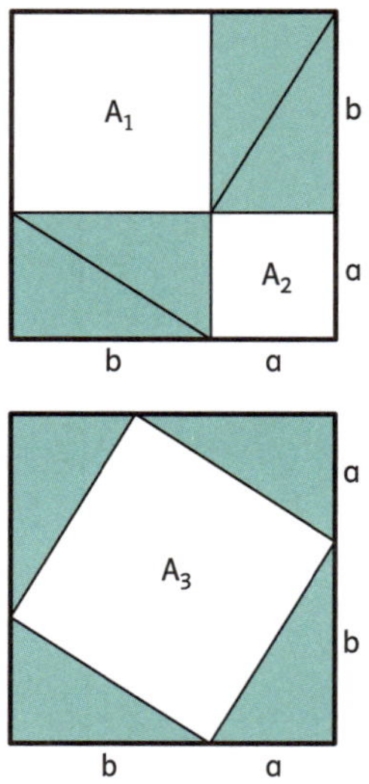

Wie groß sind die Flächeninhalte der beiden freibleibenden Quadrate innerhalb des oberen Rahmens? $A_1 =$ ___, $A_2 =$ ___

Begründe: Das freibleibende Viereck im unteren Rahmen ist ebenfalls ein Quadrat, weil ___

Für seinen Flächeninhalt gilt: $A_3 =$ ___

Daraus folgt unmittelbar der Satz des Pythagoras, weil ___

___

___

255

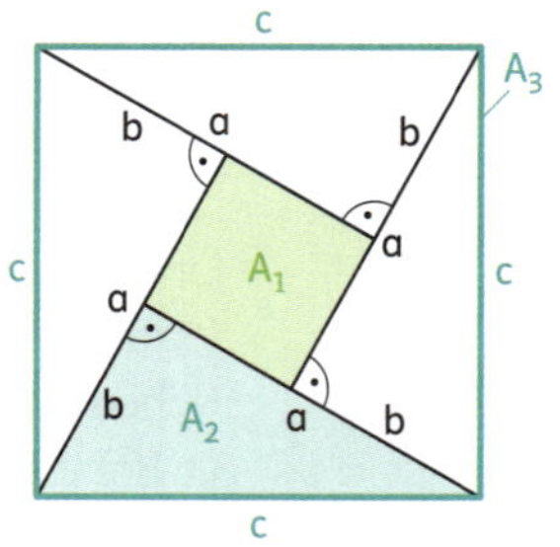

1) Zeichne ein beliebiges rechtwinkliges Dreieck ($\gamma = 90°$) mit den Seiten a, b und c!
2) Errichte ein Quadrat mit der Hypotenuse c als Seite (→ Figur)!
3) Zeichne in dieses Quadrat das rechtwinklige Dreieck noch dreimal ein (→ Figur)! Warum passt dies genau in die Ecken des Quadrats?
4) Begründe, dass das im Inneren entstehende grüne Viereck ein Quadrat ist!
   Wie groß ist der Flächeninhalt A_1? ___
5) Benenne den Flächeninhalt des rechtwinkligen Dreiecks mit A_2 und den des großen Quadrats mit A_3! Setze ein: $A_3 =$ ___ + ___ !
6) Beweise durch Einsetzen und Umformen, dass $a^2 + b^2 = c^2$ gilt!

256 Von einem rechtwinkligen Dreieck ABC ($\gamma = 90°$) kennt man die Längen der Kathete a = 58,5 cm und des Hypotenusenabschnitts p = 35,1 cm. Berechne die Längen der Seiten b und c!

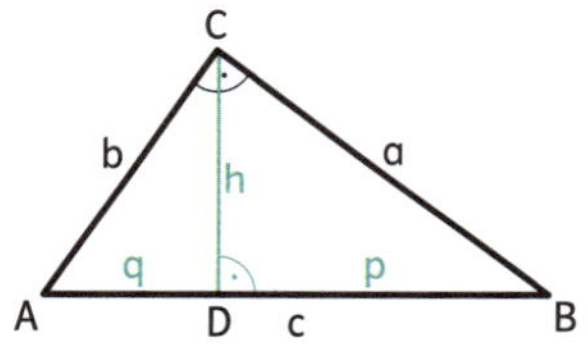

Verwende den Kathetensatz: $a^2 =$ ___

Forme um: c = ___ Setze ein und rechne: c = ___ cm

Nach dem Satz des Pythagoras gilt: $b^2 =$ ___

Daraus folgt b = ___ cm

257 Von einem rechtwinkligen Dreieck ABC ($\gamma = 90°$) kennt man die Längen der Hypotenusenabschnitte p = 20,8 cm und q = 11,7 cm. Berechne die Höhe $h = h_c$ und die Längen der drei Seiten!

Verwende den Höhensatz: $h^2 =$ ___ Setze ein und rechne: h = ___ cm

Aus c = p + q folgt c = ___ cm.

Um a und b zu berechnen, kannst du zB den Kathetensatz verwenden:

Aus $a^2 =$ ___ folgt a = ___ cm, aus $b^2 =$ ___ folgt b = ___ cm.

Überprüfe deine Ergebnisse mit dem Satz des Pythagoras!

Setze zunächst für a und b ein: $a^2 + b^2 =$ ___

Setze dann für c ein: $c^2 =$ ___

Die beiden Werte müssen übereinstimmen.

258 Von einem rechtwinkligen Dreieck ABC ($\gamma = 90°$) kennt man die Länge der Seite $a = 46{,}3\,cm$ und die Höhe $h = h_c = 18{,}0\,cm$. Berechne die Längen der Seiten b und c!

Im rechtwinkligen Teildreieck DBC gilt (→ Abbildung auf S. 64) $p^2 =$ ___ . → $p =$ ___ cm.

Forme den Höhensatz $h^2 =$ ___ um: $q =$ ___ Setze ein und rechne: $q =$ ___ cm

Außerdem gilt $c = p + q$ → $c =$ ___ cm, sowie $b^2 =$ ___ → $b =$ ___ cm

Merkenswertes

Wähle zum Füllen der Lücken aus den rechts stehenden Möglichkeiten die passenden aus! Trage die Buchstaben in der Reihenfolge der Lücken in den Lösungstext ein!

Für die Seitenlängen jedes ___ Dreiecks mit den ___ a und b und der ___ c gilt der Satz des ___ : $a^2 + b^2 =$ ___

Außerdem gilt der ___ : $a^2 = c \cdot$ ___ und $b^2 = c \cdot$ ___

Der ___ lautet: $h^2 =$ ___

Die Strecken p und q nennt man die ___ .

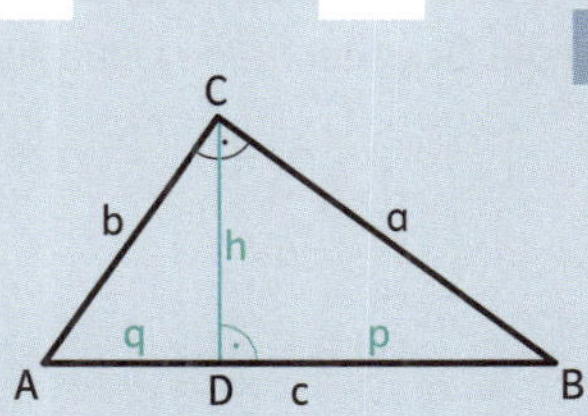

Im gleichseitigen Dreieck mit der Seitenlänge a gilt für ___ $= \sqrt{3} \cdot \frac{a}{2}$ und für ___ $= \sqrt{3} \cdot \frac{a^2}{4}$.

Im Rechteck gilt folgender Zusammenhang zwischen den Längen der Seiten a und b und der Diagonale d: $d^2 =$ ___ bzw. $d =$ ___

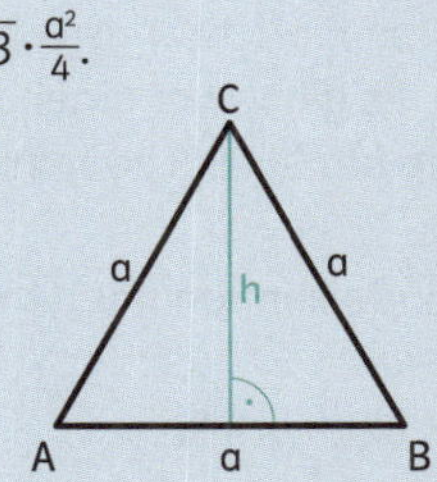

Im Quadrat gilt: $d^2 =$ ___ bzw. $d =$ ___

Im gleichschenkligen Dreieck, im allgemeinen Dreieck, im Parallelogramm und im Trapez erhält man durch Einzeichnen von ___ rechtwinklige Teildreiecke. Kennt man zwei ihrer Seitenlängen, kann man mit Hilfe des ___ die dritte Seitenlänge und somit alle gesuchten Streckenlängen des Dreiecks bzw. Vierecks berechnen.

$2 \cdot a^2$	E		
$\sqrt{2} \cdot a$	I		
$a^2 + b^2$	D		
$\sqrt{a^2 + b^2}$	R	c^2	T
den Flächeninhalt A	E		
Diagonalen	E		
die Höhe h	G		
Höhen	E		
Höhensatz	K		
Hypotenuse	C		
Hypotenusenabschnitte	I		
Katheten	E		
Kathetensatz	W		
normal	K	p	I
$p \cdot q$	L		
Pythagoras	H		
q	N		
rechtwinkligen	R		
Satzes von Pythagoras	C		

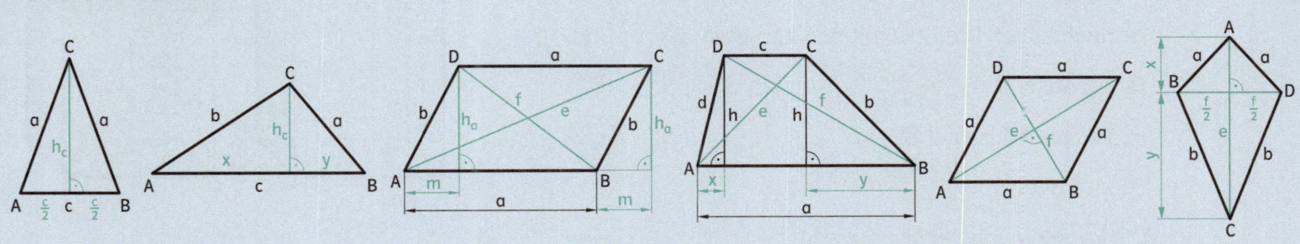

In der Raute und beim Drachen bilden die ___ aufeinander stehenden ___ rechtwinklige Teildreiecke, die man zum Berechnen gesuchter Seiten- und Diagonalenlängen verwenden kann.

Lösungstext _ _ _ _ _ _ _ _ _ _ _ _ _   _ _ _ _ _ _ _ _

1 Prisma

259 Vervollständige den Schrägriss des Prismas! Achte dabei auf die Sichtbarkeit der Kanten!

a) dreiseitiges Prisma
Grundfläche ABC

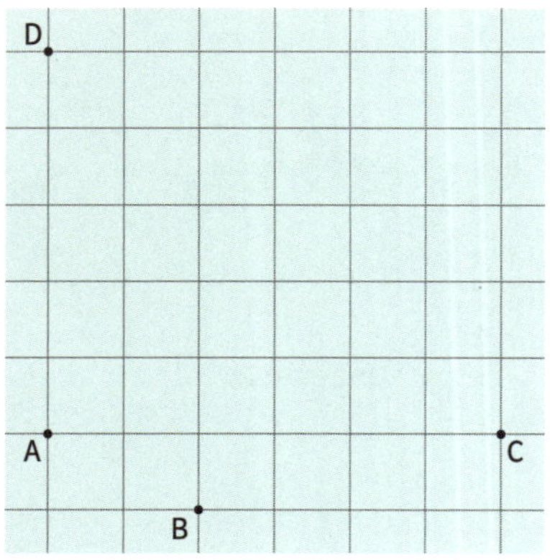

b) sechsseitiges Prisma
Grundfläche ABCDEF

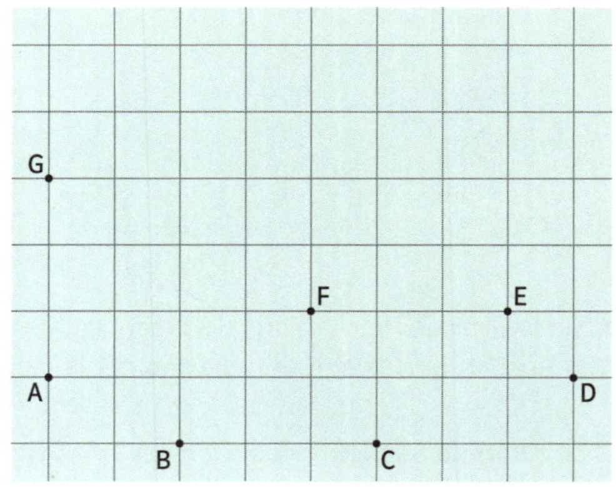

260 Von einem Quader kennt man die Kantenlängen $a = 7{,}2\,cm$, $b = 13{,}5\,cm$ und $c = 21{,}0\,cm$.
Berechne **a)** die Längen der Flächendiagonalen und die Länge der Raumdiagonalen, **b)** das Volumen und **c)** die Oberfläche des Quaders!

a) $d_1 =$ ___ cm, $d_2 =$ ___ cm, $d_3 =$ ___ cm ≈ ___ cm; $d =$ ___ cm ≈ ___ cm

b) $V =$ ___ → $V =$ ___ cm^3

c) $O =$ ___ → $O =$ ___ cm^2

261 Bei einem Umzug sollen Einrichtungsgegenstände in den vierten Stock transportiert werden. Es gibt zwar einen Lift, dieser ist jedoch nicht sehr groß. Seine Tür hat die Maße 80 × 200 cm und er ist 1,2 m breit, 1,5 m tief und 2,2 m hoch.
Welche der Gegenstände können mit dem Lift transportiert werden? Kreuze an und begründe!

- ○ **A** Kasten 100 cm × 60 cm × 196 cm
- ○ **B** Bett 2 m × 90 cm × 50 cm
- ○ **C** Vorhangstange, 250 cm lang
- ○ **D** 3 m lange Sesselleisten

____

____

262 Leite mit Hilfe der Figuren rechts Formeln für die Längen der Flächendiagonalen d_1, d_2, d_3 und der Raumdiagonalen d des Quaders her!

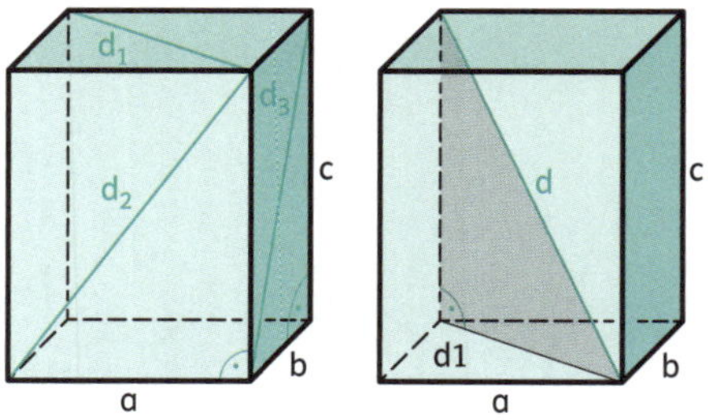

Die Flächendiagonale d_1 ist ___ eines rechtwinkligen Dreiecks mit den Katheten ___ und ___.

Es gilt daher $d_1^2 =$ ___ und $d_1 =$ ___.

In gleicher Weise gilt $d_2^2 =$ ___ und $d_2 =$ ___.

Ebenso gilt $d_3^2 =$ ___ und $d_3 =$ ___.

Die Raumdiagonale d ist ___ eines rechtwinkligen Dreiecks mit den Katheten ___ und ___.

Es gilt daher $d^2 =$ ___ = ___ und $d =$ ___.

1 Prisma 2 Pyramide

263 Von einem Würfel kennt man das Volumen $V = 592{,}704\,cm^3$. Berechne **a)** die Kantenlänge a des Würfels, **b)** die Längen der Flächendiagonale d_1 und der Raumdiagonale d und **c)** die Oberfläche des Würfels!

a) V = ___ = ___ → a = ___ Setze ein und rechne: a = ___ cm

b) Verwende die Formeln aus Aufgabe 262 und setze ein!

d_1 = ___ cm ≈ ___ cm; d = ___ cm ≈ ___ cm

c) O = ___ → O = ___ cm^2

264 Ein Tank mit quadratischer Grundfläche soll 500 Liter Wasser fassen. Wie hoch muss der Tank sein, wenn die Länge der Grundkante a bekannt ist?

a) a = 70 cm; h = ___ cm **b)** a = 90 cm; h = ___ cm **c)** a = 1 m; h = ___ cm **d)** a = 1,30 m; h = ___ cm

265 Eine 86,0 cm lange Stahlschiene hat als Querschnitt ein gleichseitiges Dreieck mit der Seitenlänge a = 9,5 cm (→ Figur rechts). Berechne **a)** das Volumen, **b)** die Oberfläche und **c)** die Masse der Stahlschiene! Die Dichte von Stahl beträgt $\rho = 7800\,kg/m^3$.

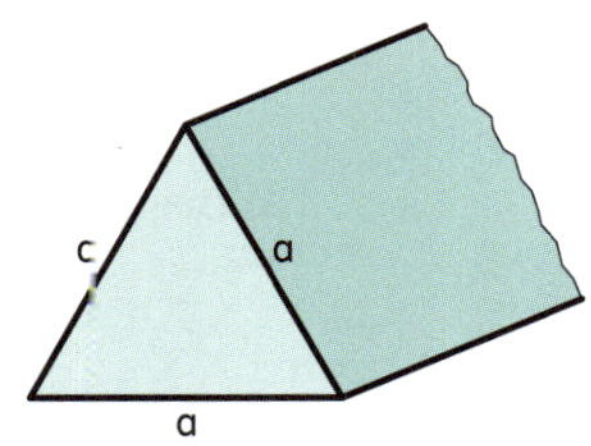

a) $V = G \cdot h$ $G = A_{\text{gleichseitiges Dreieck}} = \frac{\sqrt{3}}{4} \cdot a^2$ → G ≈ ___ cm^2

Die Höhe h des Prismas entspricht der ___ der Stahlschiene.

→ V ≈ ___ cm^3

b) $O = 2 \cdot G + M$

Die Mantelfläche M besteht aus ___ Rechtecken mit den Seitenlängen ___ cm und ___ cm.

M = ___ cm^2 → O ≈ ___ cm^2

c) Für die Masse gilt: Masse = Volumen mal Dichte ($m = V \cdot \rho$)

Rechne zunächst das Volumen in m^3 um: V = ___ cm^3 = ___ dm^3 = ___ m^3

Setze dann ein: m = ___ · 7800 = ___ → m ≈ ___ kg

266 Ein Würfel aus Eis ($\rho = 918\,kg/m^3$) mit einer Masse von drei Tonnen soll mit einer Gondel zur Bergstation eines Skigebiets transportiert werden. Dort soll ihn ein Bildhauer vor Publikum bearbeiten. Passt der Würfel in seinen Maßen (abgesehen vom Gewicht) durch die 1,2 m breite Tür der Gondel? Begründe deine Antwort!

---

267 Vervollständige den Schrägriss der Pyramide mit der Höhe 5! Achte dabei auf die Sichtbarkeit der Kanten!

a) quadratische Pyramide
Grundfläche ABCD

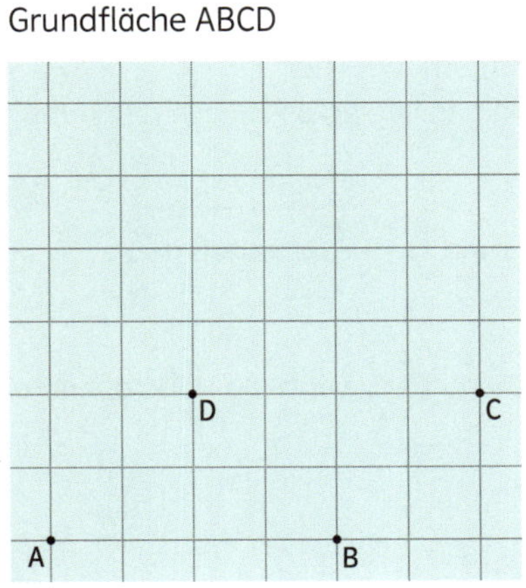

b) sechsseitige Pyramide
Grundfläche ABCDEF

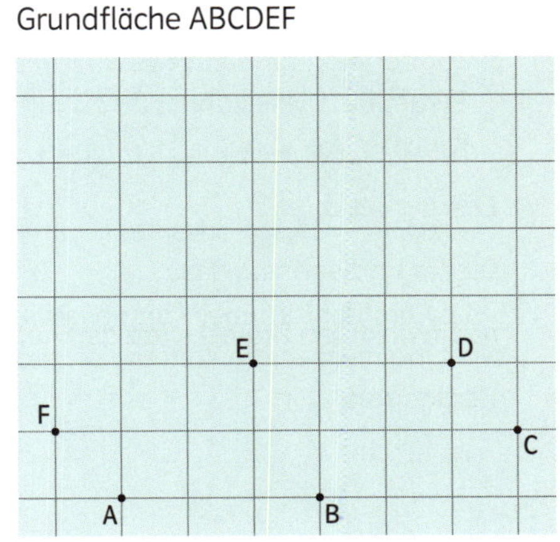

268 Von einer regelmäßigen vierseitigen Pyramide (= quadratische Pyramide) kennt man die Grundkante $a = 4{,}8\,cm$ und die Pyramidenhöhe $h = 4{,}5\,cm$. Berechne **a)** den Rauminhalt, **b)** die Seitenflächenhöhe h_1, **c)** die Oberfläche und **d)** die Länge der Seitenkante s!

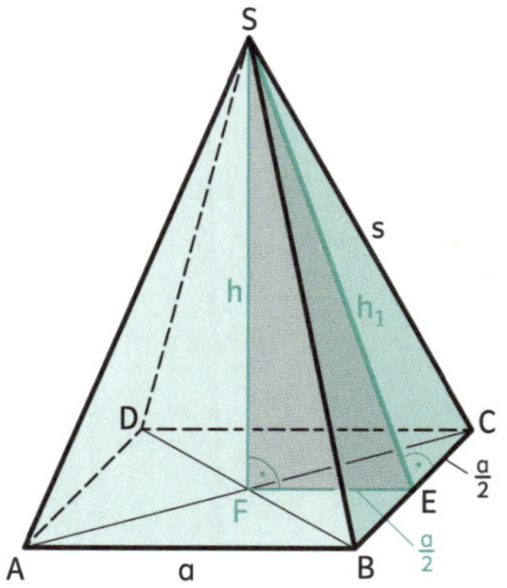

a) Die Formel für den Rauminhalt (das Volumen) der Pyramide lautet

$V = \frac{G \cdot h}{3}$, wobei für die Grundfläche gilt G = ______.

Setze ein und rechne: G = ______ cm² → V = ______ cm³

b) Die Höhe h_1 der Seitenfläche kannst du aus dem rechtwinkligen Dreieck SFE ermitteln (→ Figur).

Es gilt: h_1^2 = ______ Setze ein und rechne: h_1 = ______ cm

c) Die Oberfläche der Pyramide setzt sich aus der Grundfläche G und der Mantelfläche M zusammen.

Der Mantel besteht aus vier ______ Dreiecken. Der Flächeninhalt eines solchen Dreiecks kann durch A = ______ berechnet werden.

Setze ein und rechne: A = ______ cm² → M = ______ cm² → O = ______ cm²

d) Die Länge der Seitenkante s kannst du zB mit Hilfe des rechtwinkligen Dreiecks ECS ermitteln (→ Figur). Es gilt s^2 = ______. Setze ein und rechne: s = ______ cm

269 In einem Garten soll eine Skulptur aus Granitstein aufgestellt werden. Sie hat die Form einer regelmäßigen vierseitigen Pyramide mit der Grundkantenlänge $a = 45\,cm$ und der Höhe $h = 84\,cm$.

a) Die Behandlung des Steins wird nach der Größe der Oberfläche abgerechnet. Sie kostet pro Quadratmeter 560 €. Berechne die Kosten! Kosten: ______ €

b) Kann die Skulptur mit dem Auto (maximale Zuladung 480 kg) transportiert werden?

Berechne ihre Masse (Granitstein: $\varrho = 2700\,kg\backslash m^3$)! m = ______ kg

Antwort: ______________________________

270 Ein Turm hat die Form eines Quaders mit quadratischer Grundfläche. Das Turmdach ist eine quadratische Pyramide. Wie groß sind **a)** die Dachfläche und **b)** der Rauminhalt dieser Pyramide, wenn die Seitenkanten des Daches $s = 16{,}5\,m$ und die Seitenflächenhöhe $h_1 = 13{,}2\,m$ lang sind?

Reschenstausee, Südtirol, Italien

a) Die Dachfläche entspricht der Mantelfläche M der Pyramide. Um ihren Flächeninhalt berechnen zu können, benötigt man die Länge der Grundkante a der Pyramide. Diese kannst du mit Hilfe des rechtwinkligen Dreiecks ECS ermitteln (→ Figur oben). Es gilt $\left(\frac{a}{2}\right)^2$ = ______.

Setze ein und berechne a: a = ______ m $M = 4 \cdot \frac{a \cdot h_1}{2}$ → M = ______ m²

Die Dachfläche ist rund ______ m² groß.

b) Für den Rauminhalt (= Volumen) benötigt man die Körperhöhe h der Pyramide. Diese kannst du zB mit Hilfe des rechtwinkligen Dreiecks FES ermitteln (→ Figur oben):

h^2 = ______ → h = ______ m

Aus $V = \frac{G \cdot h}{3}$ folgt, dass der Rauminhalt der Pyramide rund ______ m³ groß ist.

271 Ein pyramidenförmiger Komposter soll 450 Liter fassen.
Wie lang müssen die Kanten der quadratischen Grundfläche sein, wenn die Höhe genau einen Meter betragen soll?

______ cm

272 Eine regelmäßige sechsseitige Pyramide soll rund 6 m hoch werden und 30 m³ Rauminhalt haben.

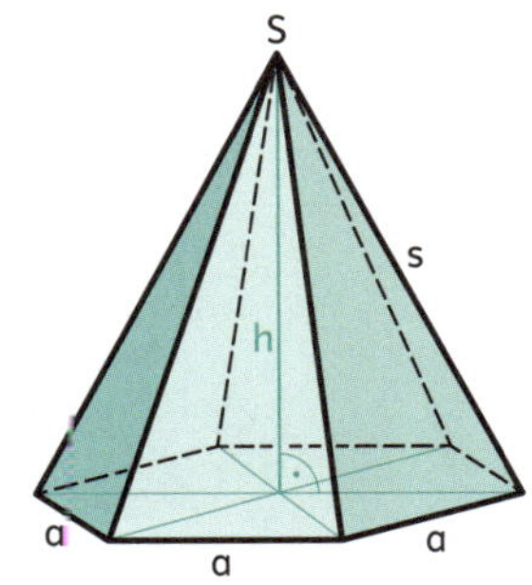

a) Wie lang muss die Grundkante der Pyramide sein?

Aus $V = \frac{G \cdot h}{3}$ folgt für die Grundfläche G = ______. Setze ein: G = ______ m²

Die Grundfläche ist ein regelmäßiges ______, das sich aus ______ gleichseitigen Dreiecken zusammensetzt.
Der Flächeninhalt eines solchen Dreiecks ist daher rund ______ m² groß.

Forme die Flächeninhaltsformel für das gleichseitige Dreieck um, setze ein und berechne a: a = ______ m

Die Grundkanten der Pyramide müssen rund ______ m lang sein.

b) Beschreibe einen Weg, wie man die Länge der Seitenkante s der regelmäßigen sechsseitigen Pyramide berechnen kann, wenn man die Länge ihrer Grundkante a und die Körperhöhe h kennt!

Die Seitenkante s, die Körperhöhe h und die halbe Grundflächendiagonale bilden ein ______ Dreieck. Die halbe Grundflächendiagonale ist genau so lang wie die ______.

Man kann s daher folgendermaßen ermitteln: s² = ______

Setze für h und a die Werte aus Aufgabe a) ein und rechne: s ≈ ______ cm

273 Kreuze für ① und ② so an, dass ein mathematisch richtiger Satz entsteht!
Ein dreiseitiges Prisma hat das ① Volumen ② mit inhaltsgleicher Grundfläche und gleicher Höhe.

	①
○	zweifache
○	dreifache
○	vierfache

	②
○	eines vierseitigen Prismas
○	eines regelmäßigen Körpers
○	einer Pyramide

Merkenswertes

Wähle zum Füllen der Lücken aus den rechts stehenden Möglichkeiten die passenden aus!
Trage die Buchstaben in der Reihenfolge der Lücken in den Lösungstext ein!

Formelsammlung räumliche Geometrie

Quader: Flächendiagonalen: d_1 = ______, d_2 = ______, d_3 = ______

Raumdiagonale: d = ______

Würfel: Flächendiagonale: $d_1 = d_2 = d_3$ = ______

Raumdiagonale: d = ______

Prisma: O = ______, V = ______

Pyramide: O = ______, V = ______

Dichte von Körpern: ϱ = ______

$\sqrt{2} \cdot a$	U
$\sqrt{3} \cdot a$	G
$\sqrt{a^2 + b^2}$	S
$\sqrt{a^2 + b^2 + c^2}$	A
$\sqrt{a^2 + c^2}$	C
$\sqrt{b^2 + c^2}$	H
$G \cdot h$	N
G + M	A
$\frac{m}{V}$	!
$\frac{1}{3} \cdot G \cdot h$	U
2 · G + M	E

Lösungstext _ _ _ _ _ _   _ _ _ _ _ _ _

1 Zylinder

274 Wie groß sind **a)** Oberfläche, **b)** Rauminhalt (= Volumen) und **c)** Masse eines Zylinders aus Holz (Dichte $\varrho \approx 450\,kg/m^3$), der 25 cm hoch ist und dessen Basiskreis 20 cm Durchmesser hat?

Zylinder

$V = \pi \cdot r^2 \cdot h$

$O = 2\pi \cdot r^2 + 2\pi \cdot r \cdot h$

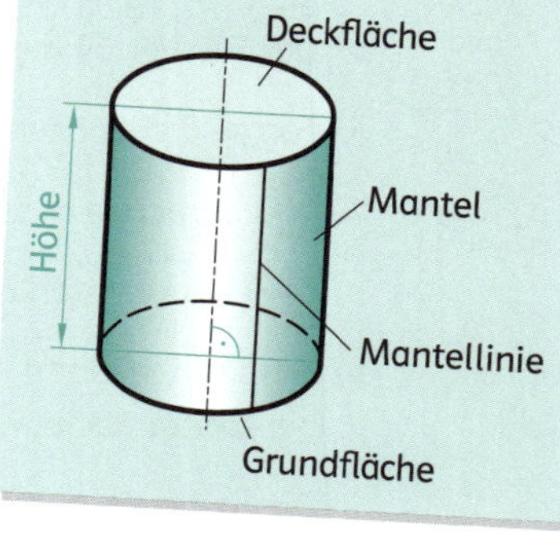

a) h = ___, r = ___,

$O = 2\pi$ ___ $^2 + 2\pi$ ___ · ___ = ___ cm^2

b) $V = \pi \cdot$ ___ $^2 \cdot$ ___ = ___ cm^3

c) $m = V \cdot \varrho =$ ___ · ___ ≈ ___ kg

275 Wie viel Liter fasst ein zylinderförmiges Glasgefäß, dessen Innendurchmesser 18 cm und dessen Innenhöhe 35 cm beträgt?

r = ___ cm → V ≈ ___ cm^3

= ___ dm^3 = ___ Liter

Das Glasgefäß fasst rund ___ Liter

276 Die rechts abgebildete Regentonne (d = 0,80 m, h = 1,40 m) ist zur Hälfte mit Wasser gefüllt.

a) Wie viel Hektoliter Wasser befinden sich in der Tonne?

b) Um die Regentonne gegen Rost zu schützen, wurde sie innen und außen mit einem Rostschutzmittel behandelt.
Für wie viel Quadratmeter musste das Rostschutzmittel reichen?

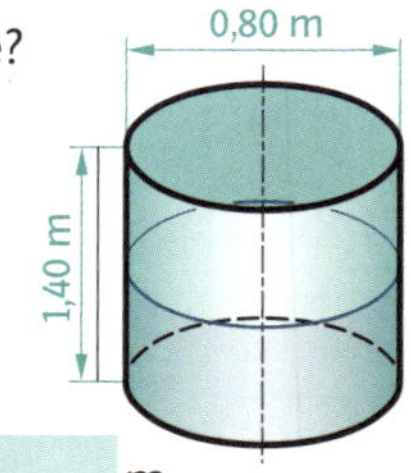

a) r = ___ m, Höhe des Wasserzylinders: h = ___ m

V ≈ ___ m^3 = ___ dm^3 = ___ Liter = ___ hL

b) Bestrichene Fläche: je zweimal ___ und ___ : A ≈ ___ m^2

277 Wie hoch muss ein Zylinder mit einem Volumen von 950 cm^3 sein, dessen Basiskreisradius 12 cm lang ist?

Forme $V = \pi \cdot r^2 \cdot h$ um: h = ___

Setze ein und rechne: h ≈ ___ cm

278 Wie groß muss der Radius des Basiskreises eines Zylinders sein, dessen Volumen 1000 cm^3 beträgt und der 26 cm hoch ist?

Forme $V = \pi \cdot r^2 \cdot h$ um: r^2 = ___ → r = ___

Setze ein und rechne: r ≈ ___ cm

279 In einen quaderförmigen Holzblock (Dichte $\varrho = 700\,kg/m^3$) mit quadratischer Grundfläche (a = 20 cm, h = 30 cm) wird ein zylinderförmiges Loch (r = 6 cm, Tiefe = 10 cm) gebohrt, sodass ein Kerzenständer entsteht.

Berechne die Masse des Kerzenständers! m = ___ kg

280 Der zylinderförmige Turm einer mittelalterlichen Burg ist 35 m hoch und hat einen Radius von 6,5 m (außen). Der Innenraum hat nur 7 m Durchmesser.
Um das Holz im Innenraum vom Holzwurm zu befreien, wird dieser mit Gas befüllt. Für wie viel Kubikmeter braucht man Gas? ___ m^3

281 Ein zylinderförmiges Glas hat 12,4 cm Innendurchmesser. Wie hoch steht die Flüssigkeit im Glas, wenn $\frac{3}{4}$ Liter eingefüllt werden?

Überlege: $\frac{3}{4}$ Liter = 0, ___ Liter = ___ dm^3 = ___ cm^3 d = 12,4 cm → r = ___ cm → h ≈ ___ cm

1 Zylinder 2 Kegel

282 Wie ändert sich **1)** die Mantelfläche, **2)** das Volumen eines Zylinders?

a) Man verdoppelt die Höhe und lässt den Radius unverändert ($h_1 = 2h$; $r_1 = r$).

1) $M = 2\pi \cdot r \cdot h \rightarrow M_1 = 2\pi \cdot r_1 \cdot h_1 = 2\pi \cdot r \cdot 2h = 2 \cdot (2\pi \cdot r \cdot h) = 2 \cdot M$

Die Mantelfläche wird ______ so groß.

2) $V = \pi \cdot r^2 \cdot h \rightarrow V_1 = \pi \cdot r_1^2 \cdot h_1 =$ ______ = ______ = ______

Das Volumen wird ______ so groß.

b) Man verdoppelt den Radius und lässt die Höhe unverändert ($r_2 = 2r$; $h_2 = h$).

1) $M = 2\pi \cdot r \cdot h \rightarrow M_2 = 2\pi \cdot r_2 \cdot h_2 =$ ______ = ______ = ______

Die Mantelfläche wird ______ so groß.

2) $V = \pi \cdot r^2 \cdot h \rightarrow V_1 = \pi \cdot r_2^2 \cdot h_2 =$ ______ = ______ = ______

Das Volumen wird ______ so groß.

c) Man verdoppelt sowohl den Radius als auch die Höhe ($r_3 = 2r$; $h_3 = 2h$).

1) $M = 2\pi \cdot r \cdot h \rightarrow M_2 = 2\pi \cdot r_3 \cdot h_3 =$ ______ = ______ = ______

Die Mantelfläche wird ______ so groß.

2) $V = \pi \cdot r^2 \cdot h \rightarrow V_1 = \pi \cdot r_3^2 \cdot h_3 =$ ______ = ______ = ______

Das Volumen wird ______ so groß.

283 Sarah kauft Camembert-Käse. Er hat die Form eines 3 cm hohen Zylinders mit 11 cm Durchmesser.

1) Gib die Mindestgröße des Papiers an, in dem der Käse eingepackt ist!

O = ______ cm²

2) Der Camembert wiegt ohne Rinde 0,25 kg. Berechne die Dichte des Käses!

ρ = ______ g/cm³

284 Wie groß sind **a)** Rauminhalt (= Volumen), **b)** Mantelfläche und **c)** Oberfläche eines 15,6 cm hohen Kegels, dessen Basiskreis den Durchmesser d = 13,0 cm hat?

a) r = ______ cm → V ≈ ______ cm³

b) Für die Mantelfläche benötigt man die Länge der Mantellinie s:

s = ______ cm

M ≈ ______ cm²

c) O = G + M ≈ ______ cm²

Kegel

$V = \frac{\pi \cdot r^2 \cdot h}{3}$ $O = \pi \cdot r^2 + \pi \cdot r \cdot s$ $s = \sqrt{r^2 + h^2}$

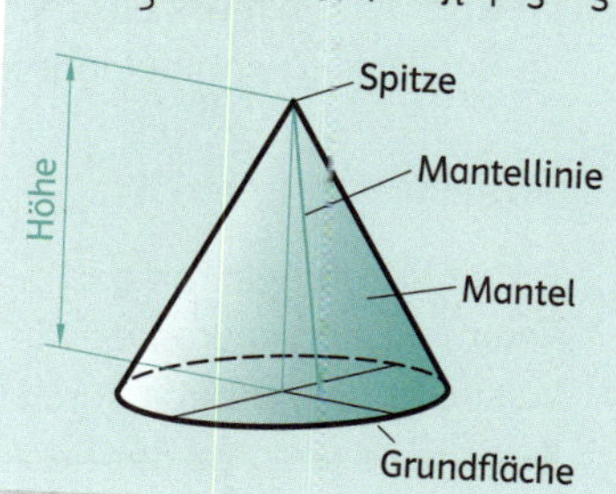

285 Von einem Kegel kennt man den Radius des Basiskreises r = 10,5 cm und die Länge der Mantellinie s = 27,3 cm.
Berechne **1)** die Oberfläche und **2)** das Volumen des Kegels!

1) Überlege, ob du alle Angaben für die Oberfläche kennst! Rechne dann:

O ≈ π · ______² + π · ______ · ______ = ______ cm²

2) Zum Berechnen des Rauminhalts benötigst du noch die ______ des Kegels. Nach dem Satz des ______ gilt: h = √(______² − ______²) = ______ cm → V ≈ ______ cm³

286 a) Wie viel Liter fasst das rechts abgebildete Gefäß, wenn es zur Gänze gefüllt ist?
b) Zur besseren Haltbarkeit wird das Gefäß außen lackiert. Wie groß ist die zu lackierende Fläche?

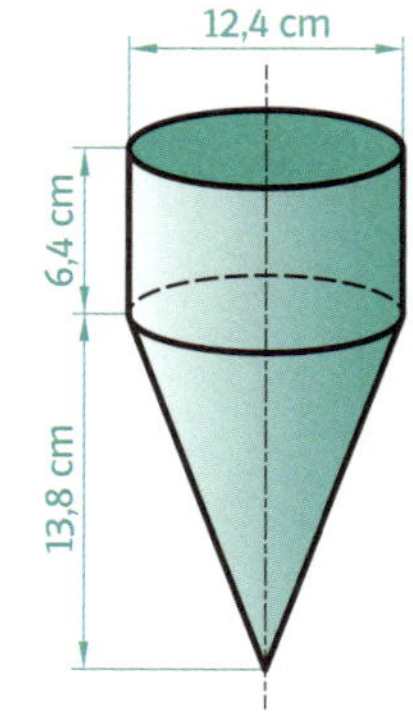

a) $V = V_Z + V_K$ r = cm, h_Z = cm, h_K = cm

$V_Z \approx$ cm^3, $V_K \approx$ cm^3 → $V \approx$ cm^3 = $dm^3 \approx$ Liter

Das Gefäß fasst rund Liter.

b) Die zu lackierende Fläche A ist so groß wie die des Zylinders und die des Kegels zusammengenommen: $A = M_Z + M_K$

Für die Mantelfläche des Kegels benötigst du die Länge der Mantellinie s:

s = cm → $M_Z \approx$ cm^2, $M_K \approx$ cm^2 → $A \approx$ cm^2

Es sind rund cm^2 zu lackieren.

287 Wie hoch ist ein Kegel von 1 m^3 Rauminhalt, dessen Basiskreis den Durchmesser von 1 m Länge hat?
Forme um: $V = \frac{\pi r^2 h}{3}$ → h = → h ≈ m

288 Nicola meint, dass der Durchmesser des Basiskreises eines Kegels, der 1 m^3 Rauminhalt hat und 1 m hoch ist, knapp unter 2 m groß sein muss. Schau dir die Volumenformel für den Kegel an und schreibe eine Vermutung auf, wie Nicola (ohne den TR verwendet zu haben) zu diesem Schluss gekommen sein kann!

Rechne dann nach: $V = \frac{\pi \cdot r^2 \cdot h}{3}$ → r^2 = Setze ein: r^2 = → r ≈ m → d ≈ m

289 Bei einem Kletterbewerb werden anstelle von Pokalen volle Glaskegel (Dichte $\varrho = 2\,500\,kg/m^3$) verliehen. Diese Kegel haben alle den gleichen Basiskreisdurchmesser von d = 20 cm.
Wie hoch sind die Kegel für die drei „Stockerlplätze", wenn sie 5 kg, 4 kg bzw. 3 kg Masse haben?

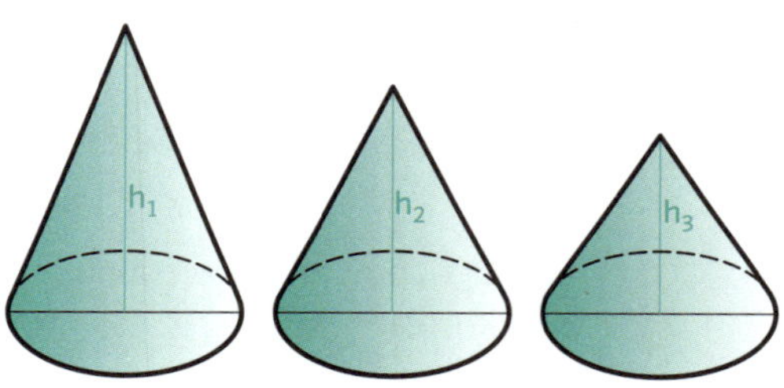

1. Platz (5 kg): 2. Platz (4 kg):

3. Platz (3 kg):

≈ 9 cm | ≈ 11 cm | ≈ 13 cm | ≈ 15 cm | ≈ 17 cm | ≈ 19 cm

290 Welche Höhe h muss das rechte Glas haben, wenn genau so viel Flüssigkeit hineinpassen soll wie in das linke Glas?

h = cm

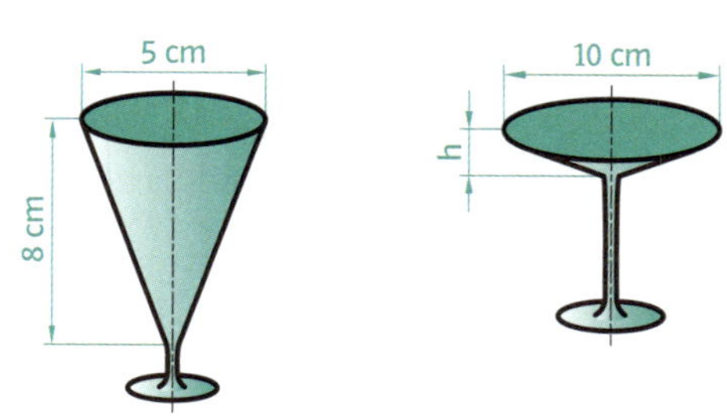

291 Ordne den Kegeln mit den gegebenen Maßen die richtigen Volumina zu und ergänze die Volumeneinheiten!
Versuche, die Aufgabe durch Überschlagsrechnungen zu lösen!

1	r = 7 cm, h = 5 cm	
2	r = 1,5 mm, h = 18 mm	
3	r = 35 cm, h = 44 cm	
4	r = 2,7 m, h = 3,5 m	

A	$V_1 \approx 13{,}5\pi$	
B	$V_2 \approx 8{,}5\pi$	
C	$V_3 = 81\frac{2}{3}\pi$	
D	$V_4 = 133{,}7\pi$	
E	$V_5 \approx 17{,}96\pi$	
F	$V_6 = 0{,}72\pi$	

3 Kugel

Kugel

$V = \frac{4\pi}{3} \cdot r^3$

$O = 4\pi \cdot r^2$

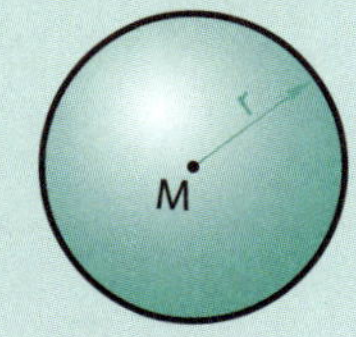

292 Wie groß sind Oberfläche, Volumen und Masse einer Holzkugel (Dichte $\varrho \approx 400\,kg/m^3$), die 8,4 cm Durchmesser hat?

$r =$ ___ cm ⟶ $O \approx 4\pi \cdot$ ___ $=$ ___ cm^2,

$V = \frac{4\pi}{3} \cdot$ ___ $^3 =$ ___ cm^3

Masse = Volumen mal Dichte. Da die Dichte in Kilogramm pro Kubikmeter (kg/m^3) gegeben ist, benötigen wir das Volumen in Kubikmeter:

$V \approx$ ___ $cm^3 =$ ___ $dm^3 =$ ___ m^3

$m = V \cdot \varrho =$ ___ kg ≈ ___ dag

293 Marvin behauptet: „Wenn man den Radius einer Kugel verdoppelt, dann verdoppeln sich auch die Oberfläche und das Volumen der Kugel."

Hat Marvin Recht? Kreuze an! ○ Ja ○ Nein

a) Überprüfe deine Antwort für eine Kugel mit dem Radius = 5 cm!

$r_1 = 5\,cm$ ⟶ $r_2 = r_1 \cdot 2 =$ ___ cm

$O_1 = 4\pi \cdot$ ___ $\approx$ ___ cm^2 ⟶ $O_2 = 4\pi \cdot$ ___ $\approx$ ___ cm^2;

$V_1 = \frac{4\pi}{3} \cdot$ ___ $^3 \approx$ ___ cm^3 ⟶ $V_2 = \frac{4\pi}{3} \cdot$ ___ $^3 \approx$ ___ cm^3

b) Überlege allgemein, wie sich Oberfläche und Volumen der Kugel ändern, wenn man den Radius verdoppelt!

$O_1 = 4\pi \cdot r_1^2$ $V_1 = \frac{4\pi}{3} \cdot r_1^3$ $r_2 = 2 \cdot r_1$

$O_2 = 4\pi \cdot r_2^2 \approx 4\pi \cdot (2 \cdot r_1)^2 =$ ___ $\cdot \pi \cdot r_1^2 \approx$ ___ $\cdot O_1$ Die Oberfläche wird ___.

$V_2 = \frac{4\pi}{3} \cdot r_2^3 = \frac{4\pi}{3} \cdot (2r_1)^3 = \frac{\_\_\_ \cdot \pi}{3} \cdot r_1^3 =$ ___ $\cdot V_1$ Das Volumen wird ___.

294 Wähle aus den angegebenen Werten den jeweils richtigen aus!

a) Radius der Kugel: $r = 1\,m$ $O \approx$ ___ $V \approx$ ___

b) Oberfläche der Kugel: $O = 1\,m^2$ $r \approx$ ___ $V \approx$ ___

c) Volumen der Kugel: $V = 1\,m^3$ $r \approx$ ___ $O \approx$ ___

$4{,}2\,m^3$ | $5{,}2\,m$ | $4{,}8\,m^2$ | $10{,}4\,dm^3$ | $62{,}0\,cm$ | $12{,}6\,m^2$ | $48{,}1\,cm^2$ | $28{,}2\,cm$ | $94{,}0\,dm^3$

295 Michaela möchte selbst eine Discokugel herstellen, indem sie kleine quadratische Spiegel ($a = 1\,cm$) auf eine Styroporkugel ($r = 15\,cm$) klebt.

a) Wie groß ist die zu beklebende Fläche? $O =$ ___ cm^2

b) Wie viele kleine Spiegel braucht sie, wenn wegen der Fugen nur 95 % der Oberfläche beklebt werden können? Anzahl: ___

296 Ein Gymnastik-Sitzball kann von 45 cm auf 95 cm Durchmesser aufgeblasen werden. Um wie viel Prozent ändert sich dabei das Volumen? Um ___ %

297 Männliche Jugendliche, die älter als 14 Jahre sind, verwenden beim Kugelstoßen Eisenkugeln mit einer Masse von 4 kg. Welchen Durchmesser hat so eine Kugel, wenn das Material eine Dichte von 7870 kg/m³ hat?

Volumen = Masse durch Dichte = ______ → $V \approx$ ______ m³

Aus der Formel für das Volumen einer Kugel $V = \frac{4\pi}{3} \cdot r^3$ kann man r ausdrücken:

$r^3 =$ ______ und demnach ist $r = \sqrt[3]{\quad}$.

Durch Einsetzen erhält man: $r \approx$ ______ m ≈ ______ cm

Die 4 kg-Eisenkugel hat einen Durchmesser von rund ______ cm.

298 Kreuze für ① und ② so an, dass ein mathematisch richtiger Satz entsteht!
Verdoppelt man den Durchmesser einer Kugel, dann ① sich ihr Volumen und ihre Oberfläche ② sich.

	①
○	verdoppelt
○	vervierfacht
○	verachtfacht

	②
○	verdoppelt
○	vervierfacht
○	verachtfacht

299 Welche der beiden vereinfacht dargestellten Getränkeflaschen fasst mehr Inhalt, für welche benötigt man mehr Material?

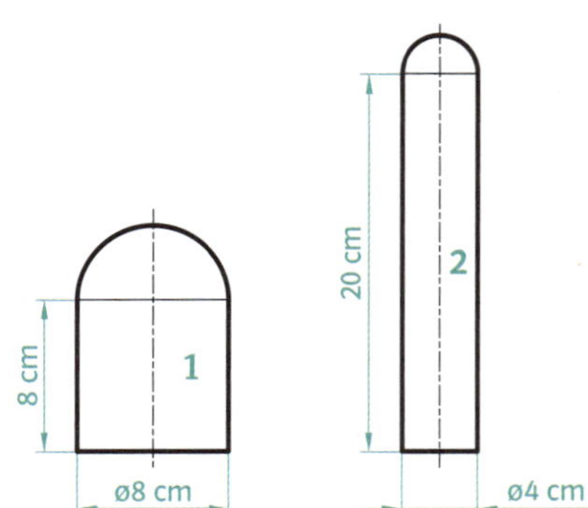

Volumen Figur 1

Rechnung:

Volumen Figur 2

Rechnung:

Die Flasche ______ fasst mehr Inhalt.

Mantelfläche Figur 1

Rechnung:

Mantelfläche Figur 2

Rechnung:

Die Flasche ______ benötigt mehr Material.

300 Ordne jeder Figur ihre Volumsformel zu!

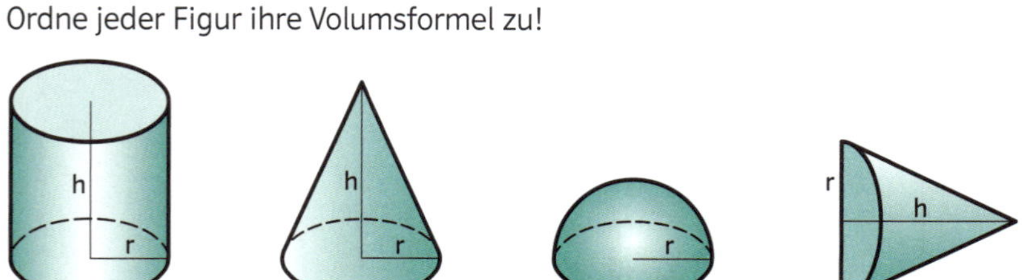

A B C D

	$V = \frac{4\pi}{6} \cdot r^3$
	$V = \pi r^2 h$
	$V = \frac{\pi}{3} r^2 h$
	$V = \frac{\pi}{6} r^2 h$

Merkenswertes

Wähle zum Füllen der Lücken aus den rechts stehenden Möglichkeiten die passenden aus! Die Zahlen zeigen dir in der Reihenfolge der Lücken den Weg durch das Spinnennetz.

A Zylinder

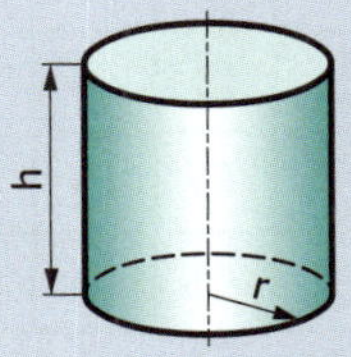

Für den Zylinder gilt wie für das Prisma „Volumen = ________ mal Höhe" (V = ____ · h).

Da die Grundfläche des Zylinders ein ________ ist, folgt für sein Volumen die Formel V = ________.

Für die Oberfläche des Zylinders gilt:

Oberfläche = 2 mal Grundfläche plus ________ (O = 2 · G + ____)

Denkt man sich den Mantel des Zylinders in der Ebene ausgebreitet, so entsteht ein ________, dessen eine Seite genau so lang wie der ________ der Grundfläche (u_G) und dessen andere Seite genau so lang wie die ________ (h) des Zylinders ist. Es gilt:

$M = u_G \cdot h$ Da $u_G = 2\pi \cdot r$ ist, folgt für M = ________ und für O = ________.

$2\pi \cdot r \cdot h$	11
$2\pi \cdot r^2 + 2\pi \cdot r \cdot h$	26
$\pi \cdot r^2 \cdot h$	37
G	9
Grundfläche	55
Höhe	56
Kreis	43
M	14
Mantel	12
Rechteck	23
Umfang	1

B Kegel

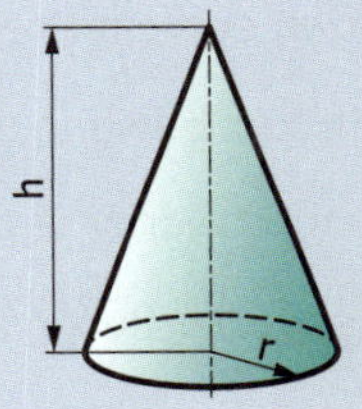

Das Volumen des Kegels wird wie das der ________ mit der Formel V = ________ berechnet („Volumen = Grundfläche mal Höhe ________").

Da die Grundfläche des Kegels ein Kreis ist folgt V = ________.

Die ________ des Kegels setzt sich aus der Grundfläche und dem Mantel zusammen. Der ausgebreitete Mantel des Kegels stellt einen ________ dar, dessen ________ der Länge der Mantellinie s und dessen ________ dem Umfang u_G der Grundfläche entspricht.

Da der ________ eines Kreissektors mit $A = \frac{b \cdot r}{2}$ berechnet werden kann, ergibt sich für den Mantel des ________ $M = \frac{2\pi \cdot r \cdot s}{2}$ = ________ und für die Oberfläche O = ________.

$\frac{G \cdot h}{3}$	2
$\frac{\pi \cdot r^2 \cdot h}{3}$	42
$\pi \cdot r^2 + \pi \cdot r \cdot s$	17
$\pi \cdot r \cdot s$	20
Bogenlänge	63
durch 3	39
Flächeninhalt	50
Kreissektor	6
Kegels	15
Oberfläche	4
Pyramide	21
Radius	13

C Kugel

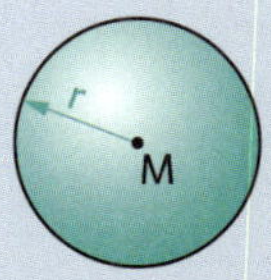

Das Volumen der Kugel wird mit V = ________ und ihre Oberfläche mit O = ________ berechnet.

$4\pi \cdot r^2$	18
$\frac{4\pi}{3} \cdot r^3$	34

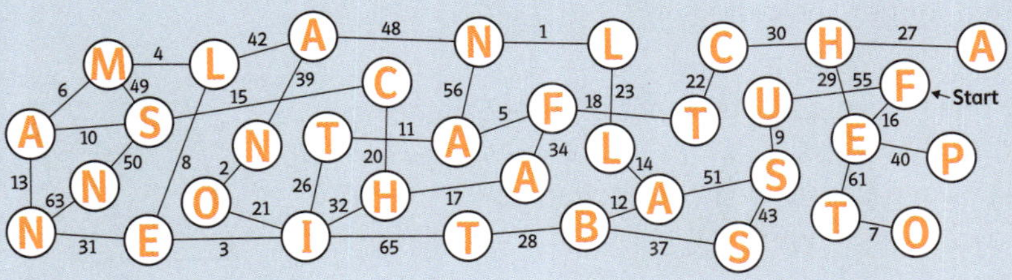

Lösungswort: _ _ _ _ _ _ _ _ _ -
_ _ _ _ _ _ _ _ _ -
_ _ _ _ _ _ _ _ _ _ _ _ _ _

Abschlusstest 1

301 Zu welchen Zahlenbereichen gehören die folgenden Zahlen jeweils? Kreuze an!
(Es kann mehr als eine Antwort richtig sein.)

	Zahl	$\mathbb{N}$	$\mathbb{Z}$	$\mathbb{Q}$	$\mathbb{R}$	$\mathbb{I}$
1)	$3{,}5 \cdot 10^2$	○	○	○	○	○
2)	$(\sqrt{2})^3$	○	○	○	○	○
3)	0	○	○	○	○	○
4)	$\sqrt{2} \cdot \sqrt{4}$	○	○	○	○	○

	Zahl	$\mathbb{N}$	$\mathbb{Z}$	$\mathbb{Q}$	$\mathbb{R}$	$\mathbb{I}$
5)	$-\frac{5}{3}$	○	○	○	○	○
6)	$\sqrt{3} \cdot \sqrt{27}$	○	○	○	○	○
7)	$0{,}\overline{134}$	○	○	○	○	○
8)	$\sqrt[3]{10}$	○	○	○	○	○

302 Vereinfache die Terme! Welche Werte dürfen die Variablen jeweils nicht annehmen?

a) $\frac{2(a+b)}{15a-15b} : \frac{16(a+b)^2}{35(a-b)^2} =$ ______ $a \neq$ ______

b) $\frac{a-b}{a} \cdot \frac{a+b}{a^2b-b^3} - 1 =$ ______ $a \neq$ ______, $b \neq$ ______

303 Schreibe die Aussage in Form einer Ungleichung und löse diese! Addiert man zu einer natürlichen Zahl 5 und multipliziert diese Summe mit 8, so erhält man eine Zahl, die größer als 100 ist.

Welche natürlichen Zahlen erfüllen diese Bedingung? ______

304 Die Figur unten zeigt die Höhe eines Heißluftballons in Abhängigkeit von der Zeit.

a) Wie lange dauerte die Ballonfahrt? ______

b) Zu welcher Uhrzeit erreichte der Ballon erstmals seine maximale Höhe? ______

c) In welchem Zeitraum gewann er am schnellsten an Höhe? ______

d) In welchem Zeitraum verlor er am schnellsten an Höhe? ______

e) Wie viel Meter sank der Ballon zwischen 15:15 Uhr und 16:00 Uhr? ______

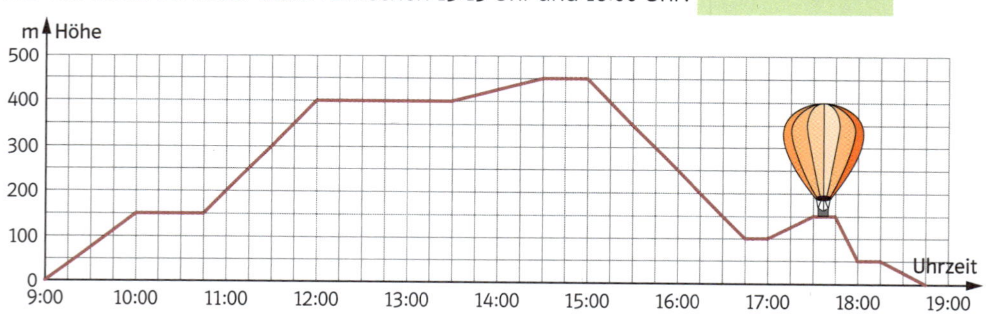

305 Zwei zylindrische Kerzen brennen mit unterschiedlichen Geschwindigkeiten. Die zu Beginn 50 cm lange Kerze brennt pro Stunde 5 cm ab, die 40 cm lange Kerze brennt pro Stunde 3 cm ab.

1) Zeichne die zugehörigen Graphen in ein Koordinatensystem und ermittle die Funktionsgleichungen beider Funktionen, die der (seit Brennbeginn) verstrichenen Zeit die jeweilige Kerzenhöhe zuordnen!

2) Die beiden Kerzen werden gleichzeitig angezündet. Wann sind sie gleich lang? ______

306 Für ein Basketballspiel werden insgesamt 8 490 Sitz- und Stehplatzkarten verkauft. Für einen Sitzplatz muss man 18 € bezahlen, für einen Stehplatz 12 €. Es wurden 121 434 € eingenommen.
Wie viele Sitz- bzw. Stehplatzkarten wurden verkauft? ______

307 Von einer rautenförmigen Dachplatte (→ Figur rechts) kennt man die Seitenlänge $a = 1{,}50\,\text{m}$ und die Höhe $h = 1{,}44\,\text{m}$.
Berechne die Diagonalenlängen und den Flächeninhalt der Platte!

$m =$ ______, $e =$ ______, $f =$ ______, $A =$ ______

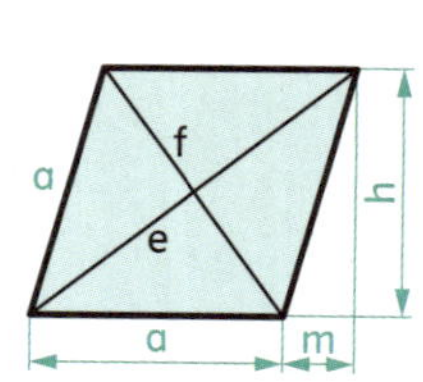

308 Die Länge welches Bestimmungsstückes einer regelmäßigen vierseitigen Pyramide kann durch den Term $\sqrt{h_1^2 - \left(\frac{a}{2}\right)^2}$ berechnet werden?

Körperhöhe h | Seitenflächenhöhe h_1 | Grundkante a | Seitenkante s | Grundflächendiagonale d

Begründung: ______________________________

____

309 Eine kreisrunde Tischplatte (r = 90 cm) kann durch eine Zwischenplatte (180 cm × 100 cm) auf eine Länge von 280 cm ausgezogen werden (→ Figur).

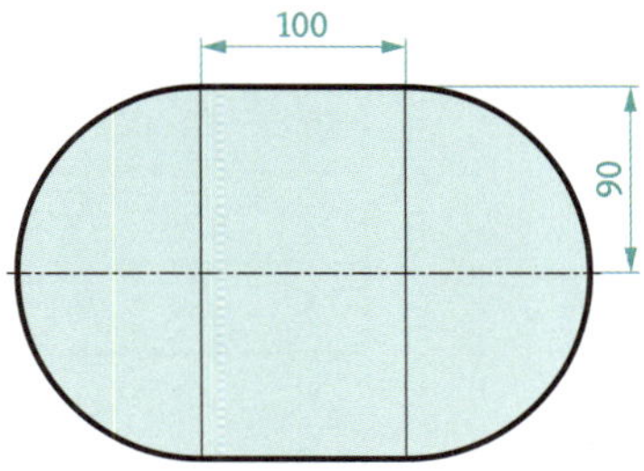

a) Wie groß ist die Tischfläche **1)** ohne und **2)** mit Zwischenplatte?

A_1 = ______ cm² ≈ ______ m²,

A_2 = ______ cm² = ______ m²

b) Um wie viel Prozent wird die Tischfläche durch die Zwischenplatte vergrößert?

Grundwert G = ______, Prozentwert W = ______, Prozentsatz p % = ______

Die Tischplatte wird um ca. ______ % größer.

c) Um wie viel Prozent wird der Umfang der Tischfläche durch die Zwischenplatte vergrößert?

Grundwert G = ______, Prozentwert W = ______, Prozentsatz p % = ______

Der Umfang der Tischfläche wird um ca. ______ % größer.

310 Eine Hohlkugel hat eine (äußere) Oberfläche von 1 m².

a) Wie groß ist der äußere Radius? ______

b) Die Wanddicke der Hohlkugel beträgt 2 cm.
Wie groß ist der Rauminhalt im Inneren der Hohlkugel (in Liter)? ______

311 Zwei Züge fahren zu verschiedenen Zeitpunkten von Innsbruck in Richtung Kufstein ab. Die Figur rechts zeigt die beiden Zeit-Weg-Diagramme.

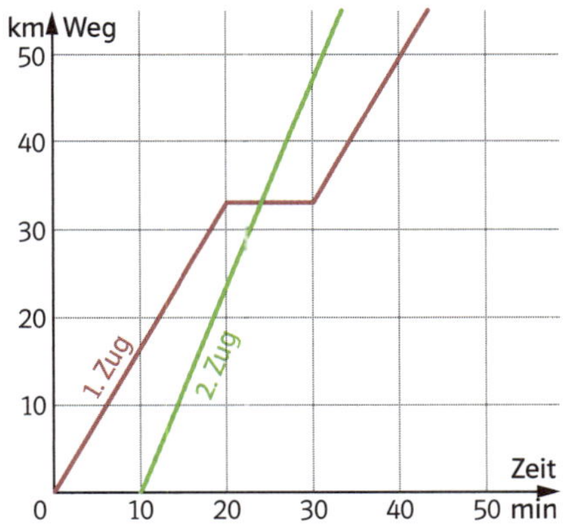

1) Was bedeutet der Knick im Zeit-Weg-Diagramm des 1. Zuges? Was bedeutet es, dass die Linien in den beiden Zeit-Weg-Diagrammen einander schneiden?

____

2) In wie viel km Entfernung von Innsbruck befindet sich der Schnittpunkt der beiden Graphen? ______
Recherchiere, in welchem größeren Bahnhof dieses Ereignis stattfindet! ______

3) Rund wie groß sind die Geschwindigkeiten der beiden Züge in km/h? ______

4) Rund wie viel Minuten braucht der 2. Zug für die Strecke Innsbruck – Salzburg (Entfernung: 255 km), wenn der Zug mit gleicher Geschwindigkeit ohne Halt fährt? ______

312 In einem Ort gibt es 15 Einpersonen-, 62 Zweipersonen-, 23 Dreipersonen- und 10 Vierpersonenhaushalte.

1) Berechne das gewichtete arithmetische Mittel der Personenanzahl in einem Haushalt! $\bar{x}$ = ______

2) Welchen der drei Mittelwerte (arithmetisches Mittel, Median, Modus) würdest du zur Beschreibung der durchschnittlichen Anzahl von Personen pro Haushalt für angebracht halten? Begründe!

____

____

Abschlusstest 2

313 Rechne ohne TR! Wurde richtig gerechnet? Wenn falsch gerechnet wurde, stelle richtig!

		richtig	falsch	Richtigstellung
1)	$\sqrt{169-25}=13-5=8$	○	○	
2)	$\sqrt{144+256}=\sqrt{400}=20$	○	○	
3)	$\sqrt{256}=\sqrt{16\cdot 16}=4\cdot 4=16$	○	○	
4)	$\sqrt{9000\cdot a^2}=30\cdot a$	○	○	
5)	$\sqrt{54}=\sqrt{9\cdot 6}=3\cdot 6=18$	○	○	
6)	$\sqrt{98}=\sqrt{49\cdot 2}=7\cdot\sqrt{2}$	○	○	

314 Für welche reellen Zahlen x gilt $9(x-3)>\frac{7x+4}{3}$? Gib die Lösungsmenge an! Führe geeignete Tests durch!

L =

315 Löse die Gleichung und mach die Probe! Gib an, welche Bedingung für die Variable erfüllt sein muss!

$\frac{3x+2}{2x-4}-\frac{3x^2+1}{2x^2-8}=\frac{16x+76}{4x^2+8x}$ L = , $x \neq$ Probe:

316 Für die Herstellung von Energiesparlampen liegen zwei die gleiche Qualität bietende Angebote vor.
Angebot 1: Ein einmaliger Betrag von 1300 € und 1,70 € pro Stück.
Angebot 2: Kein einmaliger Betrag, dafür aber 3,30 € pro Stück.
Stelle eine Ungleichung auf und berechne, bis zu welcher Stückzahl Angebot 2 günstiger ist!

317 Die Graphen zeigen Valentins Schulweg als Zuordnung Zeit ⟶ Entfernung von zu Hause.

A

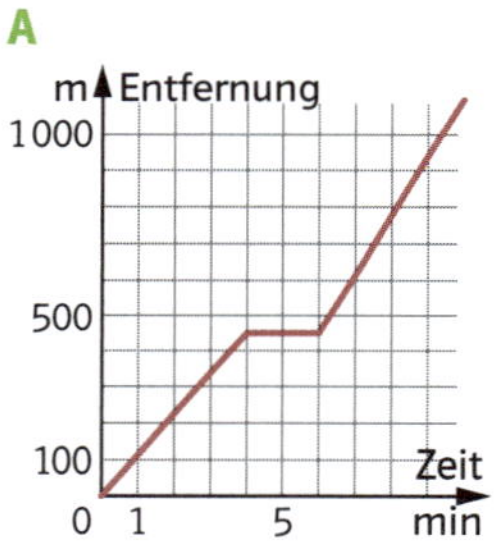

B

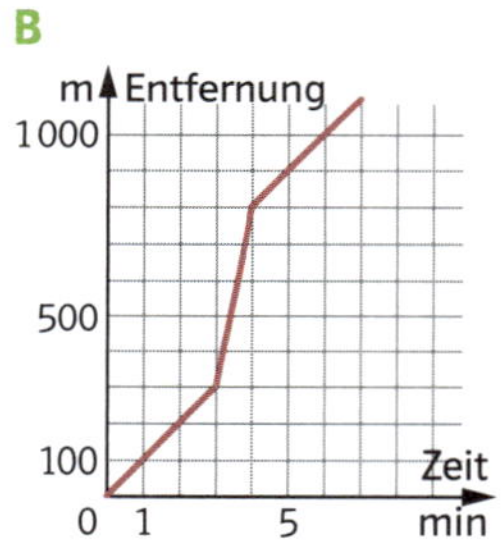

C

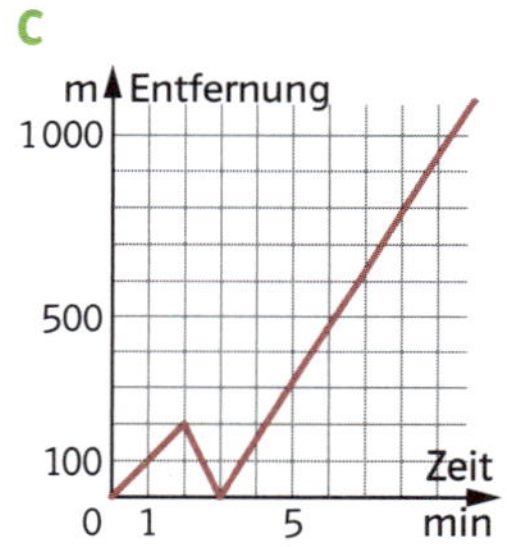

D

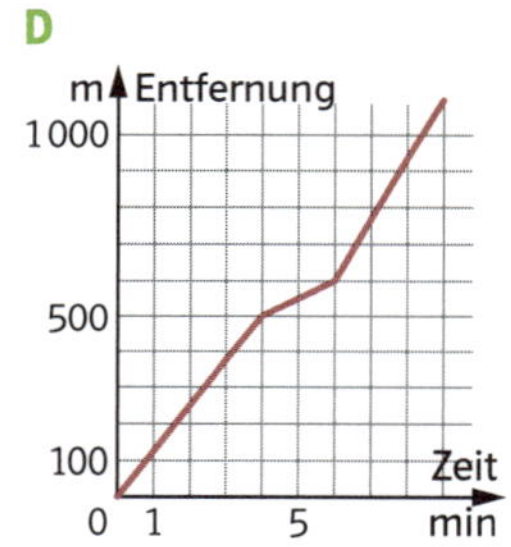

a) Wie weit ist die Schule von Valentins Wohnung entfernt?

b) Welcher Text passt zu welcher Figur? Ordne zu!

1 Valentin ist erst bis zur nächsten Straßenecke gekommen, da fällt ihm ein, dass er sein Mathematik-Schularbeitsheft zu Hause vergessen hat. Er rennt zurück, schnappt das Heft und macht sich dann zügig wieder auf den Weg zur Schule.

2 Unterwegs trifft Valentin seinen Freund Johannes. Sie plaudern ein bisschen, danach muss Valentin etwas schneller gehen, damit er nicht zu spät in die Schule kommt.

3 Valentin geht bis zur Bushaltestelle, da kommt gerade ein Bus. Er fährt eine Station und geht dann im selben Tempo wie vorher weiter.

c) Schreibe selbst einen passenden Text zu der Figur, die übrig geblieben ist!

318 a) Löse das Gleichungssystem graphisch! Überprüfe durch Einsetzen in beide Gleichungen!

I $5x+2y=4$
II $3x-2y=12$ L =

b) Wie viele Lösungen hat ein lineares Gleichungssystem mit zwei Variablen? Welche Fälle können auftreten? Wie liegen in den verschiedenen Fällen die Geraden zueinander?

c) Gib zur Gleichung I eine lineare Gleichung so an, dass das Gleichungssystem keine Lösung hat!

319 Ein Trapez hat einen Flächeninhalt von 40,6 cm² und die Höhe 2,8 cm. Eine der beiden parallelen Seiten ist viermal so lang wie die andere. Wie lang sind die beiden parallelen Seiten? a = ______, c = ______

320 Von einem rechtwinkligen Dreieck ABC kennt man die Längen der Seite b und des Hypotenusenabschnittes q. Welche zwei der unten angegebenen Formeln eignen sich als erster Schritt, wenn man alle Seitenlängen des Dreiecks ermitteln soll? Begründe durch Angabe eines weiteren Rechengangs!

____

$a^2 = c^2 - b^2$ $c^2 = a^2 + b^2$ $h^2 = p \cdot q$ $h^2 = b^2 - q^2$ $c = \frac{b^2}{q}$ $c = \frac{a^2}{p}$

321 Das gleichseitige Dreieck ABC hat 364,5 cm² Flächeninhalt. Gefragt ist seine Höhe.

a) Welcher der folgenden Rechengänge ist zielführend? Kreuze an!

		zielführend	nicht zielführend, weil ...
A	Man berechnet zuerst die Länge der Seite a durch $a = A : 3$ und dann die Höhe h mit $h = \frac{\sqrt{3}}{2} \cdot a$.	○	○ ______
B	Aus $A = \frac{a \cdot h}{2}$ folgt $h = \frac{2 \cdot A}{a}$.	○	○ ______
C	Da $A = \frac{\sqrt{3}}{4} \cdot a^2$ ist, erhält man a durch $a = \sqrt{\frac{4}{\sqrt{3}} \cdot A}$ und h durch $h = \sqrt{3} \cdot \frac{a}{2}$.	○	○ ______

b) Berechne die Höhe des gleichseitigen Dreiecks! h = ______

322 Wie kann man vom Flächeninhalt eines Kreises mit dem Radius r auf den Flächeninhalt eines Kreissektors mit dem Zentriwinkel α schließen?

a) Beschreibe in eigenen Worten! ______________________________

b) Berechne den Flächeninhalt und den Umfang eines Kreissektors mit dem Radius r = 7,3 cm und dem Zentriwinkel α = 125°! A = ______, u = ______

323 Wie viel Hektoliter fasst eine 1,20 m hohe zylinderförmige Regentonne, deren Basiskreis einen Durchmesser von ebenfalls 1,20 m hat? ______________________________

324 Wie groß könnten der Radius und die Höhe eines Kegels sein, dessen Volumen $V = 100\pi$ m³ beträgt? Gib drei unterschiedliche ganzzahlige Möglichkeiten an!

____

325 Das Kastenschaubild beschreibt die Lebensdauer von Glühbirnen verschiedener Fabrikate. Was kannst du im Vergleich der vier Fabrikate ablesen? Antworte mit eigenen Worten!

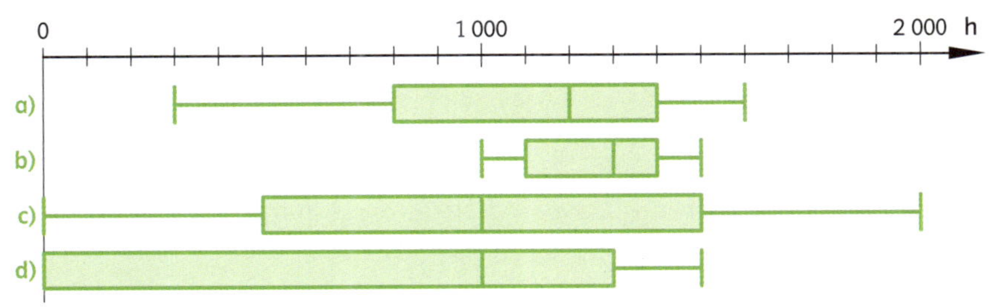

	Minimum	Maximum	Median = q_2	q_1	q_3	Beurteilung der Glühbirne
a)						
b)						
c)						
d)						

S. 5: muratart – stock.adobe.com; **S. 7:** M. Schuppich / Fotolia; **S. 9:** guenterguni / Getty Images – iStockphoto; **S. 10:** Copyright Sheila Terry / Science Photo Library / picturedesk.com; **S. 11:** ArthurHidden / Getty Images – iStockphoto; **S. 14:** Floortje / Getty Images – iStockphoto; **S. 16:** Veniamin Kraskov / Fotolia; **S. 22:** Floortje / Getty Images – iStockphoto; **S. 24:** pixelprof / Getty Images; **S. 25:** Muralinath / Thinkstock; **S. 26:** Rocky89 / Getty Images – iStockphoto; **S. 29:** Vitaly Raduntsev / Thinkstock; **S. 32:** deepblue4you / Getty Images – iStockphoto; **S. 34:** Agnieszka Szymczak / Getty Images; **S. 36:** Catherine Yeulet / Thinkstock; **S. 38:** Lakshmi3 / Getty Images – iStockphoto; **S. 41:** TT / Getty Images; **S. 42:** nedomacki / Getty Images; **S. 46:** Elke Ludewig / Sonnblick-Observatorium, Rauris; **S. 48:** republica / Getty Images; **S. 49:** Martti / Fotolia; **S. 50:** Tramino / Getty Images; **S. 51:** VRD / Fotolia; **S. 53:** Stefan Rajewski / Fotolia; **S. 55:** R9_RoNaLdO / iStockphoto.com; **S. 59:** © Graz Tourismus , Fotograf: Harry Schiffer; **S. 63:** moonrun / Fotolia; **S. 66:** stevecoleimages / Getty Images; **S. 68:** A. Vossberg / Visum / picturedesk.com; **S. 70:** alisonhancock – stock.adobe.com; **S. 71:** Floortje / Getty Images – iStockphoto; **S. 73:** opolja / Getty Images – iStockphoto; **S. 74:** mypicksy / Getty Images – iStockphoto